突发环境事件应急管理制度学习读本

环境保护部环境应急指挥领导小组办公室　编

中国环境出版集团·北京

图书在版编目（CIP）数据

突发环境事件应急管理制度学习读本/环境保护部环境应
急指挥领导小组办公室编. —北京：中国环境出版集团，
2015.4（2018.10 重印）
ISBN 978-7-5111-2375-6

Ⅰ．①突… Ⅱ．①环… Ⅲ．①环境污染事故—事故处
理 Ⅳ．①X507

中国版本图书馆 CIP 数据核字（2015）第 077525 号

出 版 人	武德凯	
责任编辑	黄晓燕	
文字编辑	侯华华　孟亚莉　李卫民　邵 葵	
责任校对	任 丽	
封面设计	宋 瑞	

 更多信息，请关注
中国环境出版集团
第一分社

出版发行　**中国环境出版集团**
　　　　　（100062　北京市东城区广渠门内大街 16 号）
　　　　　网　　址：http://www.cesp.com.cn
　　　　　电子邮箱：bjgl@cesp.com.cn
　　　　　联系电话：010-67112765（编辑管理部）
　　　　　　　　　　010-67112735（第一分社）
　　　　　发行热线：010-67125803，010-67113405（传真）
印　　刷　北京市联华印刷厂
经　　销　各地新华书店
版　　次　2015 年 4 月第 1 版
印　　次　2018 年 10 月第 5 次印刷
开　　本　787×960　1/16
印　　张　13.5
字　　数　280 千字
定　　价　39.00 元

编 委 会

前　言

当前，我国正处于工业化、城镇化加速发展阶段，经济增长方式比较粗放，工业布局不够合理，加之自然灾害和生产安全事故多发频发，突发环境事件风险很高，事件总量居高不下，事件诱因复杂，事件危害影响大，环境应急管理工作面临严峻的形势和艰巨的任务。

几年来，我们积极探索出"以风险防控为核心，以全过程管理为主线"的环境应急管理理论，突出事前预防、强化事中应对、完善事后管理，也就是日常抓管理、出事抓应对。其中，应急处置是重点，日常管理是基础，只有两者都做好了，才能真正保障环境安全。为此，我们着力推进环境应急管理制度建设，将环境应急管理纳入法制化轨道。《突发事件应对法》和新修订的《环境保护法》等对环境应急管理作了全面系统的规定，环境保护部也出台了《突发环境事件应急管理办法》等一系列配套规章制度，从法律和制度层面规范了环境应急管理工作。

面对新形势、新任务、新要求，环保工作者需要加强学习、与时俱进，不断提高环境应急管理业务能力。为便于大家学习，更好地掌握国家对环境应急管理工作的新要求，我们汇编了《突发环境事件应急管理制度学习读本》，包括《突发环境事件应急管理办法》、《国家突发环境事件应急预案》、《突发环境事件信息报告办法》、《突发环境事件调查处理办法》等部门规章、规范性文件及相关解读，可作为各级环保部门开展环境应急管理工作的参考手册，也可作为环境应急管理培训教材使用。

好学才能上进，善学方有本领。希望各级环保工作者能够从该读本中学有所获、悟有所成，切实提高环境应急管理工作水平，增强处置突发环境事件的实战能力，保障好群众生命财产安全和环境安全，为建设生态文明、美丽中国贡献自己的智慧与力量。

目 录

突发环境事件应急管理办法（环境保护部令第 34 号）...................1
《突发环境事件应急管理办法》编制说明...................9
《突发环境事件应急管理办法》条款解读...................14

企业突发环境事件风险评估指南（试行）（环办[2014]34 号）...................43
《企业突发环境事件风险评估指南（试行）》解读...................80

企业事业单位突发环境事件应急预案备案管理办法（试行）
（环发[2015]4 号）...................86
《企业事业单位突发环境事件应急预案备案管理办法（试行）》解读...................94

国务院办公厅关于印发国家突发环境事件应急预案的通知
（国办函[2014]119 号）...................105
新《国家突发环境事件应急预案》解读...................119

突发环境事件信息报告办法（环境保护部令第 17 号）...................124
《突发环境事件信息报告办法》解读...................130

突发环境事件调查处理办法（环境保护部令第 32 号）...................136
《突发环境事件调查处理办法》解读...................142

突发环境事件应急处置阶段污染损害评估工作程序规定

　　（环发[2013]85 号）..151

《突发环境事件应急处置阶段污染损害评估工作程序规定》解读......................154

突发环境事件应急处置阶段环境损害评估推荐方法（环办[2014]118 号）........160

《突发环境事件应急处置阶段环境损害评估推荐方法》技术内容解读..............197

《突发环境事件应急处置阶段环境损害评估推荐方法》解读............................203

中华人民共和国环境保护令

第 34 号

　　《突发环境事件应急管理办法》已于 2015 年 3 月 19 日由环境保护部部务会议通过，现予公布，自 2015 年 6 月 5 日起施行。

部长　陈吉宁

2015 年 4 月 16 日

突发环境事件应急管理办法

第一章 总 则

第一条 为预防和减少突发环境事件的发生，控制、减轻和消除突发环境事件引起的危害，规范突发环境事件应急管理工作，保障公众生命安全、环境安全和财产安全，根据《中华人民共和国环境保护法》《中华人民共和国突发事件应对法》《国家突发环境事件应急预案》及相关法律法规，制定本办法。

第二条 各级环境保护主管部门和企业事业单位组织开展的突发环境事件风险控制、应急准备、应急处置、事后恢复等工作，适用本办法。

本办法所称突发环境事件，是指由于污染物排放或者自然灾害、生产安全事故等因素，导致污染物或者放射性物质等有毒有害物质进入大气、水体、土壤等环境介质，突然造成或者可能造成环境质量下降，危及公众身体健康和财产安全，或者造成生态环境破坏，或者造成重大社会影响，需要采取紧急措施予以应对的事件。

突发环境事件按照事件严重程度，分为特别重大、重大、较大和一般四级。

核设施及有关核活动发生的核与辐射事故造成的辐射污染事件按照核与辐射相关规定执行。重污染天气应对工作按照《大气污染防治行动计划》等有关规定执行。

造成国际环境影响的突发环境事件的涉外应急通报和处置工作，按照国家有关国际合作的相关规定执行。

第三条 突发环境事件应急管理工作坚持预防为主、预防与应急相结合的原则。

第四条 突发环境事件应对，应当在县级以上地方人民政府的统一领导下，建立分类管理、分级负责、属地管理为主的应急管理体制。

县级以上环境保护主管部门应当在本级人民政府的统一领导下，对突发环境事件应急管理日常工作实施监督管理，指导、协助、督促下级人民政府及其有关部门做好突发环境事件应对工作。

第五条　县级以上地方环境保护主管部门应当按照本级人民政府的要求，会同有关部门建立健全突发环境事件应急联动机制，加强突发环境事件应急管理。

相邻区域地方环境保护主管部门应当开展跨行政区域的突发环境事件应急合作，共同防范、互通信息，协力应对突发环境事件。

第六条　企业事业单位应当按照相关法律法规和标准规范的要求，履行下列义务：

（一）开展突发环境事件风险评估；

（二）完善突发环境事件风险防控措施；

（三）排查治理环境安全隐患；

（四）制定突发环境事件应急预案并备案、演练；

（五）加强环境应急能力保障建设。

发生或者可能发生突发环境事件时，企业事业单位应当依法进行处理，并对所造成的损害承担责任。

第七条　环境保护主管部门和企业事业单位应当加强突发环境事件应急管理的宣传和教育，鼓励公众参与，增强防范和应对突发环境事件的知识和意识。

第二章　风险控制

第八条　企业事业单位应当按照国务院环境保护主管部门的有关规定开展突发环境事件风险评估，确定环境风险防范和环境安全隐患排查治理措施。

第九条　企业事业单位应当按照环境保护主管部门的有关要求和技术规范，完善突发环境事件风险防控措施。

前款所指的突发环境事件风险防控措施，应当包括有效防止泄漏物质、消防水、污染雨水等扩散至外环境的收集、导流、拦截、降污等措施。

第十条　企业事业单位应当按照有关规定建立健全环境安全隐患排查治理制度，建立隐患排查治理档案，及时发现并消除环境安全隐患。

对于发现后能够立即治理的环境安全隐患，企业事业单位应当立即采取措施，消除环境安全隐患。对于情况复杂、短期内难以完成治理，可能产生较大环境危害的环境安全隐患，应当制定隐患治理方案，落实整改措施、责任、资金、时限和现场应急预案，及时消除隐患。

第十一条　县级以上地方环境保护主管部门应当按照本级人民政府的统一要求，开展本行政区域突发环境事件风险评估工作，分析可能发生的突发环境事件，提高区域环境风险防范能力。

第十二条　县级以上地方环境保护主管部门应当对企业事业单位环境风险防范和环境安全隐患排查治理工作进行抽查或者突击检查，将存在重大环境安全隐患且整治不力的企业信息纳入社会诚信档案，并可以通报行业主管部门、投资主管部门、证券监督管理机构以及有关金融机构。

第三章　应急准备

第十三条　企业事业单位应当按照国务院环境保护主管部门的规定，在开展突发环境事件风险评估和应急资源调查的基础上制定突发环境事件应急预案，并按照分类分级管理的原则，报县级以上环境保护主管部门备案。

第十四条　县级以上地方环境保护主管部门应当根据本级人民政府突发环境事件专项应急预案，制定本部门的应急预案，报本级人民政府和上级环境保护主管部门备案。

第十五条　突发环境事件应急预案制定单位应当定期开展应急演练，撰写演练评估报告，分析存在问题，并根据演练情况及时修改完善应急预案。

第十六条　环境污染可能影响公众健康和环境安全时，县级以上地方环境保护主管部门可以建议本级人民政府依法及时公布环境污染公共监测预警信息，启动应急措施。

第十七条　县级以上地方环境保护主管部门应当建立本行政区域突发环境事件信息收集系统，通过"12369"环保举报热线、新闻媒体等多种途径收集突发环境事件信息，并加强跨区域、跨部门突发环境事件信息交流与合作。

第十八条　县级以上地方环境保护主管部门应当建立健全环境应急值守制度，确定应急值守负责人和应急联络员并报上级环境保护主管部门。

第十九条　企业事业单位应当将突发环境事件应急培训纳入单位工作计划，对从业人员定期进行突发环境事件应急知识和技能培训，并建立培训档案，如实记录培训的时间、内容、参加人员等信息。

第二十条　县级以上环境保护主管部门应当定期对从事突发环境事件应急管理工作的人员进行培训。

省级环境保护主管部门以及具备条件的市、县级环境保护主管部门应当设立环境应急专家库。

县级以上地方环境保护主管部门和企业事业单位应当加强环境应急处置救援能力建设。

第二十一条　县级以上地方环境保护主管部门应当加强环境应急能力标准化建设，配备应急监测仪器设备和装备，提高重点流域区域水、大气突发环境事件预警能力。

第二十二条　县级以上地方环境保护主管部门可以根据本行政区域的实际情况，建立环境应急物资储备信息库，有条件的地区可以设立环境应急物资储备库。

企业事业单位应当储备必要的环境应急装备和物资，并建立完善相关管理制度。

第四章　应急处置

第二十三条　企业事业单位造成或者可能造成突发环境事件时，应当立即启动突发环境事件应急预案，采取切断或者控制污染源以及其他防止危害扩大的必要措施，及时通报可能受到危害的单位和居民，并向事发地县级以上环境保护主管部门报告，接受调查处理。

应急处置期间，企业事业单位应当服从统一指挥，全面、准确地提供本单位与应急处置相关的技术资料，协助维护应急现场秩序，保护与突发环境事件相关的各项证据。

第二十四条　获知突发环境事件信息后，事件发生地县级以上地方环境保护主管部门应当按照《突发环境事件信息报告办法》规定的时限、程序和要求，向同级人民政府和上级环境保护主管部门报告。

第二十五条　突发环境事件已经或者可能涉及相邻行政区域的，事件发生地环境保护主管部门应当及时通报相邻区域同级环境保护主管部门，并向本级人民政府提出向相邻区域人民政府通报的建议。

第二十六条　获知突发环境事件信息后，县级以上地方环境保护主管部门应当立即组织排查污染源，初步查明事件发生的时间、地点、原因、污染物质及数量、周边环境敏感区等情况。

第二十七条　获知突发环境事件信息后，县级以上地方环境保护主管部门应当按照《突发环境事件应急监测技术规范》开展应急监测，及时向本级人民政府和上级环境保护主管部门报告监测结果。

第二十八条　应急处置期间，事发地县级以上地方环境保护主管部门应当组织开展事件信息的分析、评估，提出应急处置方案和建议报本级人民政府。

第二十九条　突发环境事件的威胁和危害得到控制或者消除后，事发地县级以上地方环境保护主管部门应当根据本级人民政府的统一部署，停止应急处置措施。

第五章　事后恢复

第三十条　应急处置工作结束后，县级以上地方环境保护主管部门应当及时总结、评估应急处置工作情况，提出改进措施，并向上级环境保护主管部门报告。

第三十一条　县级以上地方环境保护主管部门应当在本级人民政府的统一部署下，组织开展突发环境事件环境影响和损失等评估工作，并依法向有关人民政府报告。

第三十二条　县级以上环境保护主管部门应当按照有关规定开展事件调查，查清突发环境事件原因，确认事件性质，认定事件责任，提出整改措施和处理意见。

第三十三条　县级以上地方环境保护主管部门应当在本级人民政府的统一领导下，参与制定环境恢复工作方案，推动环境恢复工作。

第六章   信息公开

第三十四条   企业事业单位应当按照有关规定，采取便于公众知晓和查询的方式公开本单位环境风险防范工作开展情况、突发环境事件应急预案及演练情况、突发环境事件发生及处置情况，以及落实整改要求情况等环境信息。

第三十五条   突发环境事件发生后，县级以上地方环境保护主管部门应当认真研判事件影响和等级，及时向本级人民政府提出信息发布建议。履行统一领导职责或者组织处置突发事件的人民政府，应当按照有关规定统一、准确、及时发布有关突发事件事态发展和应急处置工作的信息。

第三十六条   县级以上环境保护主管部门应当在职责范围内向社会公开有关突发环境事件应急管理的规定和要求，以及突发环境事件应急预案及演练情况等环境信息。

县级以上地方环境保护主管部门应当对本行政区域内突发环境事件进行汇总分析，定期向社会公开突发环境事件的数量、级别，以及事件发生的时间、地点、应急处置概况等信息。

第七章   罚   则

第三十七条   企业事业单位违反本办法规定，导致发生突发环境事件，《中华人民共和国突发事件应对法》《中华人民共和国水污染防治法》《中华人民共和国大气污染防治法》《中华人民共和国固体废物污染环境防治法》等法律法规已有相关处罚规定的，依照有关法律法规执行。

较大、重大和特别重大突发环境事件发生后，企业事业单位未按要求执行停产、停排措施，继续违反法律法规规定排放污染物的，环境保护主管部门应当依法对造成污染物排放的设施、设备实施查封、扣押。

第三十八条   企业事业单位有下列情形之一的，由县级以上环境保护主管部门责令改正，可以处一万元以上三万元以下罚款：

（一）未按规定开展突发环境事件风险评估工作，确定风险等级的；

（二）未按规定开展环境安全隐患排查治理工作，建立隐患排查治理档案的；

（三）未按规定将突发环境事件应急预案备案的；

（四）未按规定开展突发环境事件应急培训，如实记录培训情况的；

（五）未按规定储备必要的环境应急装备和物资；

（六）未按规定公开突发环境事件相关信息的。

第八章　附　则

第三十九条　本办法由国务院环境保护主管部门负责解释。

第四十条　本办法自 2015 年 6 月 5 日起施行。

《突发环境事件应急管理办法》编制说明

为贯彻落实新《环境保护法》以及《突发事件应对法》，进一步规范突发环境事件应急管理工作，环境保护部应急办组织制定了《突发环境事件应急管理办法》（以下简称《办法》）。《办法》从风险控制、应急准备、应急处置和事后恢复等四个环节构建全过程突发环境事件应急管理体系，规范工作内容，理顺工作机制，并根据突发事件应急管理的特点和需求，设置了信息公开的专章，充分发挥舆论宣传和媒体监督作用。

一、制定《办法》的背景

（一）制定《办法》的重要意义

当前，我国正处于工业化、城镇化加速发展阶段，经济增长方式比较粗放，重化工行业占国民经济比重较大，工业布局不够合理，加之自然灾害多发频发，当前的环境安全形势面临严重挑战，环境应急管理形势严峻。突出表现在两个方面：

一是突发环境事件频发。"十一五"以来，环境保护部直接调度处置了900多起突发环境事件，派出工作组现场指导协调地方处置了93起重特大突发环境事件或敏感事件。一些突发环境事件动辄威胁几十万人，甚至上百万人的饮用水安全。环境安全隐患和突发环境事件呈现出高度复合化、高度叠加化和高度非常规化的趋势。

二是环境风险十分突出。根据环境保护部2010年、2012年对石油加工、炼焦业、化学原料及化学品制造业和医药制造业等重点行业企业的环境风险检查及化学品检查数据，并综合 2012 年、2013 年全国环境安全大检查情况，全国重大环境风险级别企业共 4000 多家。这些重大环境风险企业极易发生突发环境事件，是群众生命财产安全和社会稳定的潜在威胁。

频发的突发环境事件和环境风险，对环境应急管理提出了更系统、更严格和更规范的要求。制定《办法》，将助于从总体上加强环境应急管理工作，有效应对突发环境事件严峻形势，有力维护保障环境安全，促进经济社会的协调发展。

（二）制定《办法》的必要性

一是进一步规范环境应急管理工作的需要。《突发事件应对法》具有应急领域基本法的地位，但重在宏观指导，缺乏对于环境应急管理的针对性；《国家突发环境事件应急预案》也存在可操作性、衔接性不强等问题。新《环境保护法》对突发环境事件的应急管理工作提出了宏观上的原则要求，这些原则必须通过一系列的制度和规定来具体落实，增强其可操作性。为弥补法律法规的空白，提高法律法规的可操作性和针对性，迫切需要制定专门的环境应急管理的部门规章。

二是进一步理顺环境应急管理体制机制的迫切需要。当前，我国环境应急管理体制尚未理顺，应急管理机构网络尚未完全建立。各级政府环境应急指挥机构设置和职责不统一，没有形成有机整体，影响了应急处置工作效率。有关部门之间环境应急管理职能交叉，力量分散，造成应急资源浪费、效能较低。大部分省级环保部门没有专门的环境应急管理机构，市级以下更为薄弱。队伍专业素质亟待提高，在应对突发环境事件时，一些同志特别是领导干部难以做到科学决策。应急救援队伍建设存在空白，应急技术支持队伍建设滞后。装备水平严重不足，尚未建立统一完整的通信系统，尚未建立物资储备系统，专业防护装备未能得到有效配备。突发环境事件损失评估尚处于探索阶段，环境风险尚未分级分类管理，技术支撑能力明显不足，环境应急管理平台尚未建立。总体上，现有应急管理体制难以适应环境应急工作的有效开展。制定《办法》将进一步理顺环境应急管理体制机制，整体推动环境应急管理工作的进一步发展。

（三）制定《办法》的可行性

2009 年以来，在党中央、国务院的正确领导下，各级环保部门恪职尽责，同心协力，积极防范和妥善处置各类突发环境事件，积极推进环境应急管理体系建设，多项工作取得了历史性突破。这些工作为出台《办法》打下了扎实的实践基础。

为加强和规范环境应急管理工作，环境保护部出台了《环境保护部关于加强环境应急管理工作的意见》（环发[2009]130 号）、《环境风险评估技术指南——氯碱企业环境风险等级划分方法》（环发[2010]8 号）、《突发环境事件应急预案管理暂行办法》（环发[2010]113 号）、《突发环境事件信息报告办法》（环境保护部令17 号）、《环境风险评估技术指南—硫酸企业环境风险等级划分方法（试行）》（环发[2011]106 号）、《环境风险评估技术指南——粗铅冶炼企业环境风险等级划分方法（试行）》（环发[2013]39 号）、《突发环境事件应急处置阶段污染损害评估工作程序规定》（环发[2013]85 号）、《企业突发环境事件风险评估指南（试行）》（环办[2014]34 号）、《突发环境事件调查处理办法》（环境保护部令 32 号）等一系列文件，基本涵盖了环境应急管理的全过程。这些文件为制定《办法》提供了系统的编制素材。

二、制定《办法》的依据

新《环境保护法》和《突发环境事件应对法》为《办法》提供了有力的上位法依据。

2014 年 4 月 24 日，十二届全国人大常委会第八次会议通过了新修订的《环境保护法》，于 2015 年 1 月 1 日施行。新《环境保护法》用完整独立的"第四十七条"共四款，对环境应急管理工作进行了全面、系统地规定，明确要求各级政府及其有关部门和企业事业单位，要做好突发环境事件的风险控制、应急准备、应急处置和事后恢复等工作。《突发事件应对法》对突发事件预防、应急准备、监测与预警、应急处置与救援、事后恢复与重建等环节作了全面、综合、基础性的规定。本办法是在环境应急领域对新《环境保护法》及《突发事件应对法》的具体落实。

三、起草过程和意见征求情况

（一）起草过程

在《办法》起草过程中，应急指挥领导小组办公室（以下简称应急办）开展了大量的文献调研，学习借鉴了发达国家和国内相关部门的应急管理经验，调度分析了全国环境应急管理工作基本情况，组织地方环境保护部门人员、技术服务机构、企业进行了研讨。2014 年 8 月，应急办主任专题会对《应急管理办法》思路框架、初稿进行了审议；9 月，应急办司务会审议原则通过，形成了征求意见稿，并向部机关司局、地方环保部门、技术服务机构及重点企业等 106 家单位广泛征求意见；11 月中旬，向部内 18 个司局再次征求意见，并根据意见进行修改完善，形成部长专题会送审稿；11 月中下旬，部长专题会审议并原则通过《办法》；11 月底至 12 月初，根据部长专题会意见进一步修改后，向社会公开征求意见，并在此基础上形成审查稿；12 月，政法司进行条款审查，形成报部务会审议的草案。2015 年 3 月 19 日，部务会审议并原则通过《办法》。

（二）意见征求情况

广泛征求意见阶段。向部机关司局、地方环保部门、技术服务机构、重点企业等 106 家单位广泛征求意见，共收集 231 条意见，其中采纳 35 条、部分采纳 69 条、原则采纳 110 条、未采纳 17 条。

重点征求意见阶段。向部内 18 个司局再次重点征求意见，共收集 6 条意见，其中采纳 5 条、原则采纳 1 条。

公开征求意见阶段。共收集 37 条意见，其中采纳 19 条、部分采纳 3 条、原则采纳 8 条、未采纳 7 条。

未采纳意见的主要原因为法律依据不足、超出部门规章的职权范围等。

四、主要内容

《办法》共 8 章 40 条。主要内容如下：

第一章总则。主要规定了适用范围和管理体制。

第二章风险控制。一是规定了企业事业单位突发环境事件风险评估、风险防控措施以及隐患排查治理的要求。二是规定了环境保护主管部门区域环境风险评估以及对环境风险防范和隐患排查的监督管理责任。

第三章应急准备。一是规定了企业事业单位、环境保护主管部门应急预案的管理要求。二是规定了环境污染预警机制、突发环境事件信息收集系统、应急值守制度等。三是规定了企业事业单位环境应急培训、环境应急队伍、能力建设以及环境应急物资保障。

第四章应急处置。主要明确了企业事业单位和环境保护主管部门的响应职责。一是规定了企业的先期处置和协助处置责任。二是规定了环境保护主管部门在应急响应时的信息报告、跨区域通报、排查污染源、应急监测、提出处置建议等职责。三是规定了应急终止的条件。

第五章事后恢复。规定了总结及持续改进、损害评估、事后调查、恢复计划等职责。

第六章信息公开。规定了企业事业单位相关信息公开、应急状态时信息发布、环保部门相关信息公开。

第七章罚则。规定了污染责任人的法律责任。

第八章附则。主要明确《办法》的解释权和实施日期。

《突发环境事件应急管理办法》条款解读

第一章 总 则

第一条【立法目的与依据】

（1）主要释义

该条明确了《办法》的主要立法目的是预防和减少突发环境事件的发生及危害，规范相关工作，保障人民群众生命安全、环境安全和财产安全。该条款一大亮点就是将"环境安全"放在了"财产安全"的前面，突出强调了环境作为公共资源的特殊性和重要性，这也是《办法》的一大创新点。

《办法》在第一条还明确了主要立法依据是新修订的《环境保护法》和《突发事件应对法》，以及新修订的《国家突发环境事件应急预案》

（2）条款依据

① 《环境保护法》第一条：为保护和改善环境，防治污染和其他公害，保障公众健康，推进生态文明建设，促进经济社会可持续发展，制定本法。

② 《突发事件应对法》第一条：为了预防和减少突发事件的发生，控制、减轻和消除突发事件引起的严重社会危害，规范突发事件应对活动，保护人民生命财产安全，维护国家安全、公共安全、环境安全和社会秩序，制定本法。

第二条【适用范围】

（1）主要释义

该条明确了《办法》的适用范围为"各级环境保护主管部门和企业事业单位组织开展的突发环境事件风险控制、应急准备、应急处置、事后恢复等工作，适

___

① 以下简称《办法》。

用本办法"。在第二款中对突发环境事件的定义进一步进行了界定，该定义与新修订的《国家突发环境事件应急预案》保持一致。

同时，根据相关的部门职责和工作实际，也明确了部分不适用《办法》的情形。其中，核设施及有关核活动发生的核事故造成的辐射污染事件按照核与辐射相关规定执行；重污染天气应对工作按照《大气污染防治行动计划》等有关规定执行。此外，由于涉外事件的特殊性，在《办法》中明确"造成国际环境影响的突发环境事件的涉外应急通报和处置工作，按照国家有关国际合作的相关规定执行"。

（2）条款依据

① 《突发事件应对法》第二条：突发事件的预防与应急准备、监测与预警、应急处置与救援、事后恢复与重建等应对活动，适用本法。

② 《国家突发环境事件应急预案》1.3 适用范围：核设施及有关核活动发生的核事故所造成的辐射污染事件、海上溢油事件、船舶污染事件的应对工作按照其他相关应急预案规定执行。重污染天气应对工作按照国务院《大气污染防治行动计划》等有关规定执行。

第三条【原则】

（1）主要释义

突发环境事件应急管理作为非常规的环境保护工作，兼有环境保护和突发事件的管理特点。李克强总理在第七次环保大会上明确指出："要牢固树立隐患险于事故、防范胜过救灾的理念，加大风险隐患排查和评估力度，把环境污染事件消灭在萌芽状态。"因此，在《办法》原则中，突出了预防为主，预防与应急相结合的原则。

（2）条款依据

①《突发事件应对法》第五条：突发事件应对工作实行预防为主、预防与应急相结合的原则。

②《环境保护法》第五条：环境保护坚持保护优先、预防为主、综合治理、公众参与、损害担责的原则。

第四条【管理体制】

（1）主要释义

从突发环境事件的管理整体来看，可以分为日常管理和应急状态下的应对工作，这两个方面管理的内容和主体都有些区别。在日常管理中，地方政府承担统一的领导职责，而环保部门则在职责范围内承担监督管理责任；在突发事件的应对中，地方政府承担组织、协调和指挥职责，环保部门承担指导、协助和督促职责。

（2）条款依据

①《突发事件应对法》第四条：国家建立统一领导、综合协调、分类管理、分级负责、属地管理为主的应急管理体制。

第八条：县级以上地方各级人民政府设立由本级人民政府主要负责人、相关部门负责人、驻当地中国人民解放军和中国人民武装警察部队有关负责人组成的突发事件应急指挥机构，统一领导、协调本级人民政府各有关部门和下级人民政府开展突发事件应对工作；根据实际需要，设立相关类别突发事件应急指挥机构，组织、协调、指挥突发事件应对工作。

上级人民政府主管部门应当在各自职责范围内，指导、协助下级人民政府及其相应部门做好有关突发事件的应对工作。

②《环境保护法》第十条：国务院环境保护主管部门，对全国环境保护工作实施统一监督管理；县级以上地方人民政府环境保护主管部门，对本行政区域环境保护工作实施统一监督管理。

第五条【应急联动】

（1）主要释义

当前，从突发环境事件的发生原因来看，约80%的事件是生产安全事故、交通运输事故以及自然灾害造成或引起的。在这些事故的应对中，部门之间的应急联动机制工作尤为重要。环境保护部分别于2009年、2013年通过签署协议的方式与国家安监总局、交通运输部建立了应急联动机制；在2011年与公安部消防局联合召开了环境保护和公安消防应急联动工作交流会，这些工作对于建立健全环境应急联动机制有着重要意义，也积累了丰富的工作实践经验。

跨流域区域突发环境事件的应对工作涉及不同的利益主体，处置难度大、社会影响大，亟须相关的环保部门建立健全跨行政区的突发环境事件应急联动机制，共同防范、互通信息，协力应对。

（2）条款依据

①《国务院关于全面加强应急管理工作的意见》（国发[2006]24 号）：加强各地区、各部门以及各级各类应急管理机构的协调联动，积极推进资源整合和信息共享。

各地区、各部门要加强沟通协调，理顺关系，明确职责，搞好条块之间的衔接和配合。

②《国家环境保护"十二五"规划》：建立跨行政区环境执法合作机制和部门联动执法机制。

③《环境保护部关于加强环境应急管理工作的意见》（环发[2009]130 号）：建立健全预防和处置跨界突发环境事件的长效联动机制。

第六条【企业环境安全主体责任】

（1）主要释义

环境安全关系到人民群众的生命健康，关系到改革发展的大局。企业只有做好环境保护工作，切实履行环境安全主体责任，才能真正打牢国家环境安全的基础，并为企业发展创造良好的条件。

企业事业单位的环境安全主体责任主要体现在日常管理和应急状态下应对两个大的方面和十项具体责任。在日常管理中，企业事业单位主要承担风险评估、健全环境风险防控措施、开展环境安全隐患排查治理、制订应急预案并演练以及加强应急能力保障职责。在应急状态时，企业事业单位主要承担应急处置、信息通报、信息报告、接受调查处理以及损害担责。

（2）条款依据

①《环境保护法》第六条：企业事业单位和其他生产经营者应当防止、减少环境污染和生态破坏，对所造成的损害依法承担责任。

第四十七条：各级人民政府及其有关部门和企业事业单位，应当依照《突发事件应对法》的规定，做好突发环境事件的风险控制、应急准备、应急处置和事后恢复等工作。

企业事业单位应当按照国家有关规定制定突发环境事件应急预案，报环境保护主管部门和有关部门备案。在发生或者可能发生突发环境事件时,企业事业单位应当立即采取措施处理,及时通报可能受到危害的单位和居民,并向环境保护主管部门和有关部门报告。

②《国务院关于加强环境保护重点工作的意见》(国发[2011]35 号):健全责任追究制度,严格落实企业环境安全主体责任,强化地方政府环境安全监管责任。

③《国家突发环境事件应急预案》3.1 监测和风险分析:企业事业单位和其他生产经营者应当落实环境安全主体责任,定期排查环境安全隐患,开展环境风险评估,健全风险防控措施。当出现可能导致突发环境事件的情况时,要立即报告当地环境保护主管部门。

第七条【宣传教育】

(1)主要释义

做好宣传教育,是加强突发环境事件应急管理工作的重要内容,重在增强防范和应对突发环境事件的知识和意识。

(2)条款依据

①《环境保护法》第九条:各级人民政府应当加强环境保护宣传和普及工作,鼓励基层群众性自治组织、社会组织、环境保护志愿者开展环境保护法律法规和环境保护知识的宣传,营造保护环境的良好风气。

②《突发事件应对法》第二十九条:县级人民政府及其有关部门、乡级人民政府、街道办事处应当组织开展应急知识的宣传普及活动和必要的应急演练。

居民委员会、村民委员会、企业事业单位应当根据所在地人民政府的要求,结合各自的实际情况,开展有关突发事件应急知识的宣传普及活动和必要的应急演练。

新闻媒体应当无偿开展突发事件预防与应急、自救与互救知识的公益宣传。

第二章 风险控制

第八条【企业风险评估】

(1)主要释义

当前,我国已进入突发环境事件高发期和矛盾凸显期,环境问题已成为威胁群众健康、公共安全和社会稳定的重要因素。党中央、国务院高度重视环境风险防范与管理，2011年10月发布的《国务院关于加强环境保护重点工作的意见》和同年12月印发的《国家环境保护"十二五"规划》，均明确提出了"完善以预防为主的环境风险管理制度，严格落实企业环境安全主体责任，制定环境风险评估规范"等要求。2013年10月，国务院办公厅印发了《突发事件应急预案管理办法》，规定"编制应急预案应当在开展风险评估和应急资源调查的基础上进行"，强调了开展风险评估对应急预案编制的重要基础性作用。

为摸清全国环境风险底数、说清环境风险状况，环境保护部2010年组织对全国石油加工、炼焦业，化学原料及化学制品制造业和医药制造业3大类行业的4万余家企业开展环境风险及化学品检查。检查发现，4万余家企业涉及化学物质4万余种，各类环境风险单元10万余个，约32%的企业未编制环境应急预案，已编制的企业预案中普遍存在针对性、实用性和可操作性较差的问题。

究其原因，主要是企业对自身和周边环境风险以及第一时间可调用的应急资源不了解，对可能发生的突发环境事件不清楚。而且预案中多组织、机构、制度的描述，多危险化学品危害分析，少现场应急处置方案。为了解决这个突出问题，开展突发环境事件风险评估是十分必要的。因此，在《办法》中对环境风险评估工作进行了明确要求。

（2）条款依据

①《突发事件应对法》第二十二条：所有单位应当建立健全安全管理制度，定期检查本单位各项安全防范措施的落实情况，及时消除事故隐患；掌握并及时处理本单位存在的可能引发社会安全事件的问题，防止矛盾激化和事态扩大；对本单位可能发生的突发事件和采取安全防范措施的情况，应当按照规定及时向所在地人民政府或者人民政府有关部门报告。

②《突发事件应急预案管理办法》（国办发[2013]101号）第十五条：编制应急预案应当在开展风险评估和应急资源调查的基础上进行。

③《企业突发环境事件风险评估指南（试行）》（环办[2014]34号）：本指南适用于对可能发生突发环境事件的（已建成投产或处于试生产阶段的）企业进行环境风险评估。

④《化学品环境风险防控"十二五"规划》（环发[2013]20号）：企业……组

织开展环境风险评估和后评估，设置厂界环境应急监测与预警装置，推进与监管部门联网，定期排查评估环境安全隐患并及时治理。

第九条【风险防控措施】

（1）主要释义

环境风险防控措施是企业事业单位落实环境风险防控要求的具体体现，也是保障环境安全的基础要求。在工作实践中，泄漏物质、消防水、污染雨水等都是造成突发环境事件的重要"载体"，将其有效拦截在厂区内或者加以处置，将能有效减少突发环境事件的发生或降低其危害。

（2）条款依据

①《国家突发环境事件应急预案》3.1 监测和风险分析：企业事业单位和其他生产经营者应当落实环境安全主体责任，定期排查环境安全隐患，开展环境风险评估，健全风险防控措施。当出现可能导致突发环境事件的情况时，要立即报告当地环境保护主管部门。

②《关于进一步加强环境影响评价管理防范环境风险的通知》（环发[2012]77号）（十三）：建设项目设计阶段，应按照或参照《化工建设项目环境保护设计规范》（GB 50483）等国家标准和规范要求，设计有效防止泄漏物质、消防水、污染雨水等扩散至外环境的收集、导流、拦截、降污等环境风险防范设施。

《环境保护部关于加强环境应急管理工作的意见》（环发[2009]130 号）：重点加强环境影响评价审批和建设项目竣工环境保护验收工作中的环境风险评价和风险防范措施的落实。

《国家环境保护"十二五"规划》：制定环境风险评估规范，完善相关技术政策、标准、工程建设规范。

第十条【隐患排查治理】

（1）主要释义

企业事业单位应对生产经营过程中存在的人、物、管理等各方面的环境安全隐患进行主动排查，并对发现的隐患实施治理。建立环境安全隐患排查治理体系，是环境保护理念、监管机制、监管手段的创新和发展，有助于促进企业由被动接受环保监管向主动开展环境管理转变，由政府为主的行政执法排查隐患向企业为主的日常管理排查隐患转变，从治标的隐患排查向治本的隐患排查转变，从而实现环境安全隐患排查治理常态化、规范化和法制化，把握突发环境事件防范和环境安全保障工作的主动权。

（2）条款依据

①《突发事件应对法》第二十二条：所有单位应当建立健全安全管理制度，定期检查本单位各项安全防范措施的落实情况，及时消除事故隐患；掌握并及时处理本单位存在的可能引发社会安全事件的问题，防止矛盾激化和事态扩大；对本单位可能发生的突发事件和采取安全防范措施的情况，应当按照规定及时向所在地人民政府或者人民政府有关部门报告。

第二十三条：矿山、建筑施工单位和易燃易爆物品、危险化学品、放射性物品等危险物品的生产、经营、储运、使用单位，应当制定具体应急预案，并对生产经营场所、有危险物品的建筑物、构筑物及周边环境开展隐患排查，及时采取措施消除隐患，防止发生突发事件。

②《安全生产法》第三十八条：生产经营单位应当建立健全生产安全事故隐患排查治理制度，采取技术、管理措施，及时发现并消除事故隐患。事故隐患排查治理情况应当如实记录，并向从业人员通报。

县级以上地方各级人民政府负有安全生产监督管理职责的部门应当建立健全重大事故隐患治理督办制度，督促生产经营单位消除重大事故隐患。

③《国务院关于加强环境保护重点工作的意见》（国发[2011]35 号）：对化学品生产经营企业进行环境隐患排查，对海洋、江河湖泊沿岸化工企业进行综合整治，强化安全保障措施。

第十一条【区域风险评估】

（1）主要释义

环保部门制定突发环境事件应急预案是有关法律法规赋予的职责，而开展区域的环境风险评估是其必要的基础工作。同时，作为环保主管部门也需要对本辖区内的突发环境事件进行风险评估，确定重点防范单位和防范措施，提高区域环境风险防范能力。

（2）条款依据

①《突发事件应对法》第五条：国家建立重大突发事件风险评估体系，对可能发生的突发事件进行综合性评估，减少重大突发事件的发生，最大限度地减轻重大突发事件的影响。

第二十条：县级人民政府应当对本行政区域内容易引发自然灾害、事故灾难和公共卫生事件的危险源、危险区域进行调查、登记、风险评估，定期进行检查、监控，并责令有关单位采取安全防范措施。

省级和设区的市级人民政府应当对本行政区域内容易引发特别重大、重大突发事件的危险源、危险区域进行调查、登记、风险评估，组织进行检查、监控，并责令有关单位采取安全防范措施。

县级以上地方各级人民政府按照本法规定登记的危险源、危险区域，应当按照国家规定及时向社会公布。

②《突发事件应急预案管理办法》（国办发[2013]101号）第十五条：编制应急预案应当在开展风险评估和应急资源调查的基础上进行。

③《国务院关于全面加强应急管理工作的意见》（国发[2006]24号）（七）：开展对各类突发公共事件风险隐患的普查和监控。各地区、各有关部门要组织力量认真开展风险隐患普查工作，全面掌握本行政区域、本行业和领域各类风险隐患情况，建立分级、分类管理制度，落实综合防范和处置措施，实行动态管理和监控，加强地区、部门之间的协调配合。

第十二条【监督管理】

（1）主要释义

环保部门对企业事业单位环境安全隐患排查治理的监督管理，是保障企业环境安全主体责任落实到位的重要措施。环保部门的职责主要在于督促企业事业单位建立健全环境安全隐患排查治理制度，重点检查企业事业单位有没有开展隐患排查、有没有建立隐患排查治理档案、排查出的隐患有没有及时得到处理，同时对于一些重大隐患且整治不力的情况要通过环境信用体系给予约束。

（2）条款依据

①《国务院关于全面加强应急管理工作的意见》（国发[2006]24号）：上级主

管部门和有关监察机构要把督促风险隐患整改情况作为衡量监管机构履行职责是否到位的重要内容，加大监督检查和考核力度。

②《环境保护"十二五"规划》：对重点风险源、重要和敏感区域定期进行专项检查，对高风险企业要予以挂牌督办、限期整改或搬迁，对不具备整改条件的，应依法予以关停。

③《安全生产法》第三十八条：生产经营单位应当建立健全生产安全事故隐患排查治理制度，采取技术、管理措施，及时发现并消除事故隐患。事故隐患排查治理情况应当如实记录，并向从业人员通报。

县级以上地方各级人民政府负有安全生产监督管理职责的部门应当建立健全重大事故隐患治理督办制度，督促生产经营单位消除重大事故隐患。

第三章　应急准备

第十三条【企业应急预案】

（1）主要释义

突发环境事件应急预案管理是突发环境事件应急管理工作的重要组成部分，是一项基础性的工作。企业事业单位制定突发环境事件应急预案有助于识别风险隐患、了解突发环境事件的发生机理、明确应急救援的范围和体系，使突发环境事件应对处置的各个环节有章可循，同时也为地方政府和环保部门制定预案夯实基础。

（2）条款依据

①《环境保护法》第四十七条：企业事业单位应当按照国家有关规定制定突发环境事件应急预案，报环境保护主管部门和有关部门备案。

②《突发事件应急预案管理办法》（国办发[2013]101号）第十五条：编制应急预案应当在开展风险评估和应急资源调查的基础上进行。

③《突发环境事件应急预案管理暂行办法》（环发[2010]113号）第七条：向环境排放污染物的企业事业单位，生产、贮存、经营、使用、运输危险物品的企业事业单位，产生、收集、贮存、运输、利用、处置危险废物的企业事业单位，以及其他可能发生突发环境事件的企业事业单位，应当编制环境应急预案。

第十四条【环保部门应急预案】

（1）主要释义

环保部门可以通过制定突发环境事件应急预案，对环保部门应急组织体系与职责、人员、技术、装备、设施设备、物资、救援行动及其指挥与协调等预先做出具体安排，明确在突发环境事件发生之前、发生过程中以及刚刚结束之后，谁来做、做什么、何时做，以及相应的处置方法和资源准备等，以确保应对工作科学有序，最大限度地减少突发环境事件造成的危害。

（2）条款依据

①《突发事件应对法》第十七条：地方各级人民政府和县级以上地方各级人民政府有关部门根据有关法律、法规、规章、上级人民政府及其有关部门的应急预案以及本地区的实际情况，制定相应的突发事件应急预案。

②《突发环境事件应急预案管理暂行办法》（环发[2010]113 号）第五条：县级以上人民政府环境保护主管部门应当根据有关法律、法规、规章和相关应急预案，按照相应的环境应急预案编制指南，结合本地区的实际情况，编制环境应急预案，由本部门主要负责人批准后发布实施。

县级以上人民政府环境保护主管部门应当结合本地区实际情况，编制国家法定节假日、国家重大活动期间的环境应急预案。

第十五条【应急演练】

（1）主要释义

环境应急演练是检验突发环境事件应急预案，提升政府、环保部门和企业环境应急管理能力和实战水平的重要手段。组织开展环境应急演练，还可以完善应急准备、锻炼应急队伍、磨合工作机制、加强科普宣教。一般而言，环境应急演练按照组织形式，可分为桌面演练和实战演练；按照演练内容，可分为单项演练和综合演练；按照目的和作用，可以分为示范性演练、研究性演练和检验性演练。演练组织单位应结合自身职能和实际需求，针对自身环境应急预案，选择适当的内容和方式组织开展环境应急演练。

（2）条款依据

①《突发事件应对法》第二十九条：县级人民政府及其有关部门、乡级人民

政府、街道办事处应当组织开展应急知识的宣传普及活动和必要的应急演练。

居民委员会、村民委员会、企业事业单位应当根据所在地人民政府的要求，结合各自的实际情况，开展有关突发事件应急知识的宣传普及活动和必要的应急演练。

②《突发事件应急预案管理办法》（国办发[2013]101号）第二十二条：应急预案编制单位应当建立应急演练制度，根据实际情况采取实战演练、桌面推演等方式，组织开展人员广泛参与、处置联动性强、形式多样、节约高效的应急演练。

专项应急预案、部门应急预案至少每3年进行一次应急演练。

地震、台风、洪涝、滑坡、山洪泥石流等自然灾害易发区域所在地政府，重要基础设施和城市供水、供电、供气、供热等生命线工程经营管理单位，矿山、建筑施工单位和易燃易爆物品、危险化学品、放射性物品等危险物品生产、经营、储运、使用单位，公共交通工具、公共场所和医院、学校等人员密集场所的经营单位或者管理单位等，应当有针对性地经常组织开展应急演练。

③《突发环境事件应急预案管理暂行办法》（环发[2010]113号）第二十二条：县级以上人民政府环境保护主管部门应当建立健全环境应急预案演练制度，每年至少组织一次应急演练。企业事业单位应当定期进行应急演练，并积极配合和参与有关部门开展的应急演练。

环境应急预案演练结束后，有关人民政府环境保护主管部门和企业事业单位应当对环境应急预案演练结果进行评估，撰写演练评估报告，分析存在问题，对环境应急预案提出修改意见。

第十六条【预警机制】

（1）主要释义

新《环境保护法》规定：县级以上人民政府应当建立环境污染公共监测预警机制，组织制订预警方案；环境受到污染，可能影响公众健康和环境安全时，依法及时公布预警信息，启动应急措施。环保部门作为专业部门，应当组织对环境污染趋势进行分析评估，当可能影响公众健康和环境安全时，要及时向政府提出发布预警信息的建议。只有通过政府部门的及时预报，建立公共预警机制，制定好预警方案，在政府部门公布环境预测结果之后，才能防患于未然，才能更好地在全民的意识中增加环境保护的概念。

（2）条款依据

①《环境保护法》第四十七条：县级以上人民政府应当建立环境污染公共监测预警机制，组织制订预警方案；环境受到污染，可能影响公众健康和环境安全时，依法及时公布预警信息，启动应急措施。

②《突发事件应对法》第四十二条：国家建立健全突发事件预警制度。

可以预警的自然灾害、事故灾难和公共卫生事件的预警级别，按照突发事件发生的紧急程度、发展势态和可能造成的危害程度分为一级、二级、三级和四级，分别用红色、橙色、黄色和蓝色标示，一级为最高级别。

预警级别的划分标准由国务院或者国务院确定的部门制定。

第十七条【信息收集】

（1）主要释义

信息收集是突发环境事件应急管理中的基础工作。突发环境事件信息来源准确及时，可以为迅速有效地应对处置突发事件提供信息保障，为决策第一时间提供材料，为组织应对处置赢得宝贵时间。

（2）条款依据

①《突发事件应对法》第三十七条：国务院建立全国统一的突发事件信息系统。

县级以上地方各级人民政府应当建立或者确定本地区统一的突发事件信息系统，汇集、储存、分析、传输有关突发事件的信息，并与上级人民政府及其有关部门、下级人民政府及其有关部门、专业机构和监测网点的突发事件信息系统实现互联互通，加强跨部门、跨地区的信息交流与情报合作。

第三十八条：县级以上人民政府及其有关部门、专业机构应当通过多种途径收集突发事件信息。

县级人民政府应当在居民委员会、村民委员会和有关单位建立专职或者兼职信息报告员制度。

获悉突发事件信息的公民、法人或者其他组织，应当立即向所在地人民政府、有关主管部门或者指定的专业机构报告。

②《国家环境保护"十二五"规划》：建立健全环境保护举报制度，畅通环境

信访、"12369"环保热线、网络邮箱等信访投诉渠道，鼓励实行有奖举报。

第十八条【应急值守】

（1）主要释义

新的形势对突发环境事件应急管理特别是环境应急值守工作提出了严峻挑战，应急值守的重要性进一步凸显。各级环保部门一定要从讲政治、讲大局的高度，从维护政府形象和保障公众利益的角度，深刻认识做好应急值守的极端重要性，增强紧迫感和责任感，采取切实有效措施，为妥善应对各类突发环境事件提供有力的基本保障。

（2）条款依据

①《突发事件应对法》第三十七条：国务院建立全国统一的突发事件信息系统。

②《环境保护部关于加强环境应急管理工作的意见》（环发[2009]130号）（十四）：加强应急值守，完善环境应急接警制度。进一步增强政治敏感性和责任感，建立健全环境应急值守制度，落实各项责任，严格管理，认真做好人员、车辆、物资、仪器设备等方面的应急准备，确保通讯畅通。

第十九条【企业应急培训】

（1）主要释义

企业事业单位组织开展突发环境事件应急培训，有助于提升职工队伍的环境安全意识和对环境应急重要性的认识，增强做好环境应急工作的责任感，提高广大职工遵守规章制度的自觉性，提高广大职工的环境应急技术知识水平、熟练掌握操作技术要求和预防、处理突发环境事件的能力。

（2）条款依据

①《安全生产法》第二十五条：生产经营单位应当对从业人员进行安全生产教育和培训，保证从业人员具备必要的安全生产知识，熟悉有关的安全生产规章制度和安全操作规程，掌握本岗位的安全操作技能，了解事故应急处理措施，知悉自身在安全生产方面的权利和义务。未经安全生产教育和培训合格的从业人员，不得上岗作业。

生产经营单位应当建立安全生产教育和培训档案，如实记录安全生产教育和培训的时间、内容、参加人员以及考核结果等情况。

②《国务院关于全面加强应急管理工作的意见》（国发[2006]24 号）：加强各单位从业人员安全知识和操作规程培训，负有安全监管职责的部门要强化培训考核，对未按要求开展安全培训的单位要责令其限期整改，达不到考核要求的管理人员和职工一律不准上岗。

第二十条【应急队伍】

（1）主要释义

加强应急管理，深入推进应急队伍建设，是关系经济社会发展大局、构建和谐社会的重要内容，是坚持以人为本、执政为民和全面履行政府社会管理、公共服务职能的重要体现。应急队伍建设是应急管理工作最重要的内容之一，是有效预防和处置突发环境事件的根本力量，主要包括管理队伍、专家队伍和救援队伍。各级环保部门和企事业单位应提高思想认识，强化工作措施，加大工作力度，进一步提升环境应急队伍建设水平，增强预防和应对突发环境事件的能力。

（2）条款依据

①《突发事件应对法》第二十六条：县级以上人民政府应当整合应急资源，建立或者确定综合性应急救援队伍。人民政府有关部门可以根据实际需要设立专业应急救援队伍。

②《国务院关于加强环境保护重点工作的意见》（国发[2011]35 号）：加强环境应急管理、技术支撑和处置救援队伍建设，定期组织培训和演练。

③《国务院关于全面加强应急管理工作的意见》（国发[2006]24 号）：地方各级人民政府及有关部门要进一步加强对本行政区域各单位、各重点部位安全管理的监督检查，严密防范各类安全事故；要加强监管监察队伍建设，充实必要的人员，完善监管手段。

各地区、各有关部门要制订应急管理的培训规划和培训大纲，明确培训内容、标准和方式，充分运用多种方法和手段，做好应急管理培训工作，并加强培训资质管理。积极开展对地方和部门各级领导干部应急指挥和处置能力的培训，并纳入各级党校和行政学院培训内容。

各级应急管理机构要加强对应急管理培训工作的组织和指导。

充分发挥基层组织在应急管理中的作用，进一步明确行政负责人、法定代表人、社区或村级组织负责人在应急管理中的职责，确定专（兼）职的工作人员或机构。

第二十一条【应急能力建设】

（1）主要释义

面对各类突发环境事件多发频发的态势，我国环境应急能力还存在一些薄弱环节。为了加强环境应急能力建设，环境保护部印发了《全国环保部门环境应急能力建设标准》，以提高省级环境应急指挥能力为核心、以强化地市级突发环境事件现场应对能力为重点，各有侧重地制定了省、市、县三级环保部门环境应急能力建设标准，内容包括环境应急管理机构与人员、硬件装备、业务用房等。

同时，环保部门还应该进一步完善突发环境事件监测预警系统，扩大监测覆盖面，提高预警的时效性和准确性，强化对重点区域、重点保护目标的预警监测监控，并不断加强环境应急监测能力建设，提升环境应急监测水平。

（2）条款依据

①《突发事件应对法》第二十七条：国务院有关部门、县级以上地方各级人民政府及其有关部门、有关单位应当为专业应急救援人员购买人身意外伤害保险，配备必要的防护装备和器材，减少应急救援人员的人身风险。

②《国家环境保护"十二五"规划》：强化环境应急能力标准化建设。加强重点流域、区域环境应急与监管机构建设。

③《国务院关于加强环境保护重点工作的意见》（国发[2011]35 号）：建设更加高效的环境风险管理和应急救援体系，提高环境应急监测处置能力。

第二十二条【应急物资储备】

（1）主要释义

环境应急物资储备是环境应急保障的有机组成部分，是做好环境应急管理工作，成功处置突发环境事件的重要保障和物质基础。多年的工作实践充分证明，只有不断增强环境风险防范意识，切实加强环境应急物资储备，才能有效应对各种突发环境事件，最大限度地减少灾害损失。各级环保部门和企业事业单位要从提高减灾备灾救灾能力，保障环境安全的高度，充分认识强化环境应急物资储备的重要意义，将其提上重要议事日程，切实抓紧抓好。

（2）条款依据

①《突发事件应对法》第三十二条：国家建立健全应急物资储备保障制度，完善重要应急物资的监管、生产、储备、调拨和紧急配送体系。

设区的市级以上人民政府和突发事件易发、多发地区的县级人民政府应当建立应急救援物资、生活必需品和应急处置装备的储备制度。

县级以上地方各级人民政府应当根据本地区的实际情况，与有关企业签订协议，保障应急救援物资、生活必需品和应急处置装备的生产、供给。

②《国务院关于加强环境保护重点工作的意见》（国发[2011]35 号）：配备必要的应急救援物资和装备。

第四章　应急处置

第二十三条【企业应急处置】

（1）主要释义

据统计，近年来发生的突发环境事件，企业原因造成的占到总数85%以上。部分企业事业单位未能履行参与突发环境事件应对工作的法律义务，影响了处置工作，最终造成事态扩大。企业事业单位对其生产流程、厂区环境最为熟悉，对周边环境敏感点较为了解，同时，能够在第一时间获得突发环境事件信息。因此，企业事业单位应当承担先期处置的法律义务，只要其能够在突发环境事件发生后第一时间启动预案，采取措施，防止污染扩散，同时做好通报及信息报告工作，便可为后续应对处置工作赢得时间，降低事件对周边环境的影响，将损失降到最低。

（2）条款依据

①《突发事件应对法》第五十六条：受到自然灾害危害或者发生事故灾难、公共卫生事件的单位，应当立即组织本单位应急救援队伍和工作人员营救受害人员，疏散、撤离、安置受到威胁的人员，控制危险源，标明危险区域，封锁危险场所，并采取其他防止危害扩大的必要措施，同时向所在地县级人民政府报告；对因本单位的问题引发的或者主体是本单位人员的社会安全事件，有关单位应当按照规定上报情况，并迅速派出负责人赶赴现场开展劝解、疏导工作。

突发事件发生地的其他单位应当服从人民政府发布的决定、命令，配合人民政府采取的应急处置措施，做好本单位的应急救援工作，并积极组织人员参加所在地的应急救援和处置工作。

②《环境保护法》第四十七条：企业事业单位应当按照国家有关规定制定突发环境事件应急预案，报环境保护主管部门和有关部门备案。在发生或者可能发生突发环境事件时，企业事业单位应当立即采取措施处理，及时通报可能受到危害的单位和居民，并向环境保护主管部门和有关部门报告。

③《国务院关于全面加强应急管理工作的意见》（国发[2006]24 号）：突发公共事件发生后，事发单位以及直接受其影响的单位要根据预案立即采取有效措施，迅速开展先期处置工作，并按规定及时报告。

第二十四条【环保部门报告】

（1）主要释义

信息报告是政府了解社情民意和掌握各地信息的重要渠道，是政府工作维护正常运转的必要手段，是政府及时妥善应对突发事件的关键环节。加强和改进突发事件信息报告工作，提高信息报告的时效性，对各级政府及有关部门掌握工作主动权、履行政府职责具有十分重要的意义。为此，环境保护部于 2011年印发了《突发环境事件信息报告办法》，对环保部门突发环境事件信息报告工作进行了全面规定。

（2）条款依据

《突发环境事件信息报告办法》第三条：突发环境事件发生地设区的市级或者县级人民政府环境保护主管部门在发现或者得知突发环境事件信息后，应当立即进行核实，对突发环境事件的性质和类别做出初步认定。

对初步认定为一般（Ⅳ级）或者较大（Ⅲ级）突发环境事件的，事件发生地设区的市级或者县级人民政府环境保护主管部门应当在四小时内向本级人民政府和上一级人民政府环境保护主管部门报告。

对初步认定为重大（Ⅱ级）或者特别重大（Ⅰ级）突发环境事件的，事件发生地设区的市级或者县级人民政府环境保护主管部门应当在两小时内向本级人民政府和省级人民政府环境保护主管部门报告，同时上报环境保护部。省级人民政府环境保护主管部门接到报告后，应当进行核实并在一小时内报告环境保护部。

突发环境事件处置过程中事件级别发生变化的，应当按照变化后的级别报告信息。

第四条：发生下列一时无法判明等级的突发环境事件，事件发生地设区的市级或者县级人民政府环境保护主管部门应当按照重大（Ⅱ级）或者特别重大（Ⅰ级）突发环境事件的报告程序上报：

（一）对饮用水水源保护区造成或者可能造成影响的；

（二）涉及居民聚居区、学校、医院等敏感区域和敏感人群的；

（三）涉及重金属或者类金属污染的；

（四）有可能产生跨省或者跨国影响的；

（五）因环境污染引发群体性事件，或者社会影响较大的；

（六）地方人民政府环境保护主管部门认为有必要报告的其他突发环境事件。

第二十五条【跨区域通报】

（1）主要释义

跨区域突发环境事件与其他类型的突发环境事件相比，具有特殊性，在处置工作中更加需要各方面的协调和配合。其中，最为重要的就是信息的快速通报，这是为应急处置工作争取时间的首要措施，同时也是保障处置工作协调有序的最基本要求。因此，在《办法》中，将跨区域突发环境事件应急通报列为独立一条。

（2）条款依据

《突发环境事件信息报告办法》第八条：突发环境事件已经或者可能涉及相邻行政区域的，事件发生地环境保护主管部门应当及时通报相邻区域同级人民政府环境保护主管部门，并向本级人民政府提出向相邻区域人民政府通报的建议。接到通报的环境保护主管部门应当及时调查了解情况，并按照本办法第三条、第四条的规定报告突发环境事件信息。

第二十六条【排查污染源】

（1）主要释义

环保部门获知突发环境事件信息后，应当根据部门职责的要求，尽快组织排查污染源，初步查明事件发生的时间、地点、原因、污染物质及数量、周边环境敏感区等，这是做好应急处置工作的基础性要求。

（2）条款依据

《国家突发环境事件应急预案》4.2.1 现场污染处置：涉事企业事业单位或其他生产经营者要立即采取关闭、停产、封堵、围挡、喷淋、转移等措施，切断和控制污染源，防止污染蔓延扩散。做好有毒有害物质和消防废水、废液等的收集、清理和安全处置工作。当涉事企业事业单位或其他生产经营者不明时，由当地环境保护主管部门组织对污染来源开展调查，查明涉事单位，确定污染物种类和污染范围，切断污染源。

第二十七条【应急监测】

（1）主要释义

开展环境应急监测是环保部门在应急处置中最为重要的工作之一，既是判断污染情况的依据，也是进一步分析评估污染形势变化的基础。

（2）条款依据

①《国家突发环境事件应急预案》4.2.4 应急监测：加强大气、水体、土壤等应急监测工作，根据突发环境事件的污染物种类、性质以及当地自然、社会环境状况等，明确相应的应急监测方案及监测方法，确定监测的布点和频次，调配应急监测设备、车辆，及时准确监测，为突发环境事件应急决策提供依据。

②《环境监测管理办法》第五条：县级以上环境保护部门所属环境监测机构具体承担下列主要环境监测技术支持工作：

（一）开展环境质量监测、污染源监督性监测和突发环境污染事件应急监测；

（二）承担环境监测网建设和运行，收集、管理环境监测数据，开展环境状况调查和评价，编制环境监测报告；

（三）负责环境监测人员的技术培训；

（四）开展环境监测领域科学研究，承担环境监测技术规范、方法研究以及国际合作和交流；

（五）承担环境保护部门委托的其他环境监测技术支持工作。

③《突发环境事件应急监测技术规范》。

第二十八条【提出处置建议】

（1）主要释义

环境应急工作的根本目的是用最短的时间将污染损失减至最小，将对社会造成的影响降至最低。这就要求必须尽最大限度发挥各部门、各环节的作用，特别是环保部门要组织应急专家，对事件信息进行分析、评估，提出科学合理的应急处置方案和建议，供政府决策参考。2009年，环境保护部还出台了《环境保护部环境应急专家管理办法》，对环境应急专家的遴选、聘用、管理等方面做出了一系列规定。

（2）条款依据

《国家突发环境事件应急预案》6.1 队伍保障：国家环境应急监测队伍、公安消防部队、大型国有骨干企业应急救援队伍及其他相关方面应急救援队伍等力量，要积极参加突发环境事件应急监测、应急处置与救援、调查处理等工作任务。发挥国家环境应急专家组作用，为重特大突发环境事件应急处置方案制订、污染损害评估和调查处理工作提供决策建议。县级以上地方人民政府要强化环境应急救援队伍能力建设，加强环境应急专家队伍管理，提高突发环境事件快速响应及应急处置能力。

第二十九条【应急终止】

（1）主要释义

应急终止的设定是应急工作的重要环节，也是保障行政资源高效使用的重要措施。当突发环境事件的威胁和危害得到控制或者消除后，事发地环境保护主管部门应当根据本级人民政府的统一部署，停止应急处置措施，同时采取或者继续实施必要措施，防止发生突发环境事件的次生、衍生事件。

（2）条款依据

①《突发事件应对法》第五十八条：突发事件的威胁和危害得到控制或者消除后，履行统一领导职责或者组织处置突发事件的人民政府应当停止执行依照本法规定采取的应急处置措施，同时采取或者继续实施必要措施，防止发生自然灾害、事故灾难、公共卫生事件的次生、衍生事件或者重新引发社会安全事件。

②《国家突发环境事件应急预案》4.4 响应终止：当事件条件已经排除、污染

物质已降至规定限值以内、所造成的危害基本消除时，由启动响应的人民政府终止应急响应。

第五章　事后恢复

第三十条【总结持续改进】

（1）主要释义

任何一次的应急事件都蕴含着进一步改进工作的机会，这就需要对应急工作从风险防范到应急处置进行全方位的总结和评估。突发环境事件应急工作结束后，有关环保部门应该及时总结经验教训，查找工作中的差距以及应急预案中的不足，制定改进措施，并向上级环保部门报告。

（2）条款依据

《国务院关于全面加强应急管理工作的意见》（国发[2006]24号）：各级人民政府及有关部门要依照有关法律法规及时开展事故调查处理工作，查明原因，依法依纪处理责任人员，总结事故教训，制订整改措施并督促落实。

各级人民政府及有关部门在对各类突发公共事件调查处理的同时，要对事件的处置及相关防范工作做出评估，并对年度应急管理工作情况进行全面评估。

第三十一条【事件损害评估】

（1）主要释义

突发环境事件具有很强的破坏性，往往会对正常的社会秩序造成极大的干扰和破坏。事件应急处置工作结束后，必须对事件造成的损害进行评估，只有在评估的基础上才能够开展下一步责任追究、赔偿等工作。环境保护部《关于加强环境应急管理工作的意见》中指出要落实责任追究，加强对突发环境事件的调查、分析、评估和总结。

（2）条款依据

①《环境保护法》第四十七条：突发环境事件应急处置工作结束后，有关人民政府应当立即组织评估事件造成的环境影响和损失，并及时将评估结果向社会公布。

②《突发事件应对法》第五十九条：突发事件应急处置工作结束后，履行统一领导职责的人民政府应当立即组织对突发事件造成的损失进行评估，组织受影

响地区尽快恢复生产、生活、工作和社会秩序，制订恢复重建计划，并向上一级人民政府报告。

③《国家环境保护"十二五"规划》：建立环境事故处置和损害赔偿恢复机制。将有效防范和妥善应对重大突发环境事件作为地方人民政府的重要任务，纳入环境保护目标责任制。推进环境污染损害鉴定评估机构建设，建立鉴定评估工作机制，完善损害赔偿制度。建立损害评估、损害赔偿以及损害修复技术体系。

④《国家突发环境事件应急预案》5.1 损害评估：突发环境事件应急响应终止后，要及时组织开展污染损害评估，并将评估结果向社会公布。评估结论作为事件调查处理、损害赔偿、环境修复和生态恢复重建的依据。突发环境事件损害评估办法由环境保护部制定。

第三十二条【事后调查处理】

（1）主要释义

当前，一些干部对突发环境事件应急管理工作重视不够，危机意识不强，应急处置能力不足，甚至存在失职渎职行为，给人民群众生命财产带来损害，危害国家环境安全，影响社会和谐稳定。有必要通过开展事后调查处理，督促相关部门及人员积极履职，全面做好环境应急管理工作，及时有效控制、减轻和消除突发环境事件引起的严重后果。

（2）条款依据

①《突发事件应对法》第六十二条：履行统一领导职责的人民政府应当及时查明突发事件的发生经过和原因，总结突发事件应急处置工作的经验教训，制定改进措施，并向上一级人民政府提出报告。

②《国家突发环境事件应急预案》5.2 事件调查：突发环境事件发生后，根据有关规定，由环境保护主管部门牵头，可会同监察机关及相关部门，组织开展事件调查，查明事件原因和性质，提出整改防范措施和处理建议。

③《国务院关于加强环境保护重点工作的意见》（国发[2011]35 号）：健全责任追究制度。

④《国务院关于全面加强应急管理工作的意见》（国发[2006]24 号）：各级人民政府及有关部门要依照有关法律法规及时开展事故调查处理工作，查明原因，

依法依纪处理责任人员，总结事故教训，制订整改措施并督促落实。

⑤《安全生产法》第八十三条：事故调查处理应当按照科学严谨、依法依规、实事求是、注重实效的原则，及时、准确地查清事故原因，查明事故性质和责任，总结事故教训，提出整改措施，并对事故责任者提出处理意见。事故调查报告应当依法及时向社会公布。事故调查和处理的具体办法由国务院制定。

第三十三条【环境恢复计划】

（1）主要释义

生态环境是人类生存和发展的基本条件，要实现经济社会的可持续发展，绝不能破坏生态环境、追求短期效益。突发环境事件对生态环境造成了严重破坏，需要在应急状态结束后，在政府的统一部署下，制订生态恢复计划，保护和修复自然生态。生态恢复计划应当坚持短期恢复和长远发展并重的方针，按照因地制宜、合理布局、科学规划、分类指导、区别对待、突出重点的原则。

（2）条款依据

①《突发事件应对法》第五十九条：突发事件应急处置工作结束后，履行统一领导职责的人民政府应当立即组织对突发事件造成的损失进行评估，组织受影响地区尽快恢复生产、生活、工作和社会秩序，制订恢复重建计划，并向上一级人民政府报告。

②《国家突发环境事件应急预案》5.3 善后处置：事发地人民政府要及时组织制订补助、补偿、抚慰、抚恤、安置和环境恢复等善后工作方案并组织实施。保险机构要及时开展相关理赔工作。

③《国务院关于全面加强应急管理工作的意见》（国发[2006]24 号）：应急处置结束后，要及时组织受影响地区恢复正常的生产、生活和社会秩序。灾后恢复重建要与防灾减灾相结合，坚持统一领导、科学规划、加快实施。

第六章　信息公开

第三十四条【企业信息公开】

（1）主要释义

企业事业单位承担环境安全主体责任，公开其环境信息是企业事业单位应履行的社会义务之一。推进企业事业单位的信息全面、客观、及时公开，有助于保障公民的知情权、参与权和监督权，将其置于公众监督之下，增强对企业事业单位的约束力。

（2）条款依据

①《环境信息公开办法》（试行）。

②《企业事业单位环境信息公开办法》第三条：企业事业单位应当按照强制公开和自愿公开相结合的原则，及时、如实地公开其环境信息。

第四条：环境保护主管部门应当建立健全指导、监督企业事业单位环境信息公开工作制度。环境保护主管部门开展指导、监督企业事业单位环境信息公开工作所需经费，应当列入本部门的行政经费预算。

有条件的环境保护主管部门可以建设企业事业单位环境信息公开平台。

企业事业单位应当建立健全本单位环境信息公开制度，指定机构负责本单位环境信息公开日常工作。

第三十五条【应急信息发布】

（1）主要释义

按照《突发事件应对法》的规定，各级政府是突发事件信息系统的管理者，负有汇集、储存、分析、传输有关突发事件信息的职责，"按照有关规定统一、准确、及时发布有关突发事件事态发展和应急处置工作的信息"。《政府信息公开条例》也规定："行政机关应当及时、准确地公开政府信息。行政机关发现影响或者可能影响社会稳定、扰乱社会管理秩序的虚假或者不完整信息的，应当在其职责范围内发布准确的政府信息予以澄清。"

环保部门作为政府的组成部门，有责任协助地方政府做好信息发布工作。同时，环保部门还应该充分发挥专家的作用，组织专家参与应急处置，通过讲道理、讲科学、讲事实，正面引导社会舆论，防止不实信息扩散；建立媒体沟通协调机制，加强与新闻媒体的沟通联系，正确对待舆论监督，创新沟通和联络方式，引导记者客观公正报道环保工作。

（2）条款依据

①《突发事件应对法》第五十三条：履行统一领导职责或者组织处置突发事

件的人民政府，应当按照有关规定统一、准确、及时发布有关突发事件事态发展和应急处置工作的信息。

第五十四条：任何单位和个人不得编造、传播有关突发事件事态发展或者应急处置工作的虚假信息。

②《国务院关于加强环境保护重点工作的意见》（国发[2011]35 号）：全力做好污染事件应急处置工作，及时准确发布信息，减少人民群众生命财产损失和生态环境损害。

③《环境保护部关于加强环境应急管理工作的意见》（环发[2009]130 号）：协助政府及时发布准确、权威的环境信息，充分发挥新闻舆论的导向作用，为积极稳妥地处置突发环境事件营造良好的舆论环境。

④《关于进一步加强环境信息发布和舆论引导工作的意见》（环办[2014]29 号）。

⑤《关于进一步做好突发环境事件信息公开工作的通知》（环办函[2014]593 号）。

第三十六条【环保部门信息公开】

（1）主要释义

当前，我国发展中不平衡、不协调、不可持续的矛盾依然突出，突发环境事件多发频发，环境风险形势依然严峻。一些地方和政府部门还缺乏有效的信息公开，极易引起公众的误解、质疑和批评，损害政府公信力，影响环保事业健康发展。加强环境信息发布和舆论引导工作，主动把环境信息介绍好、阐释好、传播好，把公众关心、关注的问题讲清楚、说明白，对于掌握舆论引导的主动权，话语权，满足公众的知情权，增进国内外舆论对环境应急管理工作的理解支持具有重要意义。

（2）条款依据

《政府信息公开条例》《环境信息公开办法》（试行）《关于发布〈环境保护部信息公开目录（第一批）〉和〈环境保护部信息公开指南〉的公告》（环境保护部公告 2008 年第 12 号)《关于进一步加强环境信息发布和舆论引导工作的意见》(环办[2014]29 号)《关于进一步做好突发环境事件信息公开工作的通知》（环办函[2014]593 号）。

第七章 罚 则

第三十七条【罚则一】

（1）主要释义

在相关的法律法规中对于企业事业单位引发突发环境事件的，已有具体和明确的规定，因此在《办法》设置了普遍性规定。具体体现在第一款：企业事业单位违反本办法规定，导致发生突发环境事件的，《突发事件应对法》《水污染防治法》《大气污染防治法》《固体废物污染环境防治法》等法律法规已有相关处罚规定的，依照有关法律法规执行。

同时，针对突发环境事件的特点，需要在发生比较严重的突发环境事件中，给予更加严格的要求。因此在第二款明确"较大、重大和特别重大突发环境事件发生后，企业事业单位未按照要求执行停产、停排措施，继续违反法律法规规定排放污染物的，环境保护主管部门应当依法对造成污染物排放的设施、设备实施查封、扣押"。

（2）条款依据

《突发事件应对法》《水污染防治法》《大气污染防治法》《固体废物污染环境防治法》《环境保护主管部门实施查封、扣押办法》。

第三十八条【罚则二】

（1）主要释义

配合新《环境保护法》第四十七条关于突发环境事件全过程管理的实施，规范企事业单位在突发环境事件中的行为，督促其积极承担相关义务和责任，预防突发环境事件的发生和扩大。保证本《办法》有与义务规定相对应的罚则条款，保证企事业单位积极履行义务。

（2）条款依据

《办法》规定六项责任在《环境保护法》和《突发事件应对法》中有相关义务规定，但没有与之对应的责任规定或者规定不明。以下依次说明理由和依据：

第（一）项"开展风险评估"的责任的依据在新《环境保护法》第四十七条第一款中规定"……企事业单位……做好突发环境事件的风险控制……"本办法

第八条为执行《环境保护法》和《突发事件应对法》明确和细化了风险控制的内容，要求企事业单位做好风险评估，确定风险等级。

第（二）项"隐患排查治理"的责任依据在《突发事件应对法》第六十四条第一款第二项"未及时消除已发现的可能引发突发事件的隐患，导致发生严重突发事件的"承担相应行政处罚责任。本办法为保障《突发事件应对法》对隐患消除的实施，明确其隐患排查义务。

第（三）项"预案备案"的责任依据在新《环境保护法》第四十七条第三款"企事业单位应当按照国家有关规定制定突发环境事件应急预案，报环境保护主管部门和有关部门备案"。《突发事件应对法》第二十三条、第二十四条对有关企事业单位制定应急预案做了要求。本办法为落实法律要求，做了细化规定。

第（四）项"应急培训"的责任依据是《突发事件应对法》第二十九条：居民委员会、村民委员会、企业事业单位应当根据所在地人民政府的要求，结合各自的实际情况，开展有关突发事件应急知识的宣传普及活动和必要的应急演练。《安全生产法》第二十五条规定：生产经营单位应当对从业人员进行安全生产教育和培训，保证从业人员具备必要的安全生产知识，熟悉有关的安全生产规章制度和安全操作规程，掌握本岗位的安全操作技能，了解事故应急处理措施，知悉自身在安全生产方面的权利和义务。未经安全生产教育和培训合格的从业人员，不得上岗作业。生产经营单位应当建立安全生产教育和培训档案，如实记录安全生产教育和培训的时间、内容、参加人员以及考核结果等情况。本办法进行了细化。

第（五）项"应急物资储备"的责任依据是根据《环境保护法》第四十七条规定要求企事业单位做好突发环境事件的应急准备工作；《突发事件应对法》第六十四条要求有关做好应急设备、设施维护检测工作。应急物资储备作为应急准备的重要内容没有明确进行规定，部门规章可以予以明确和细化，充分保障突发环境事件应急的准备工作落实到位。

第（六）项"信息公开"，为保障公众对突发环境事件的知情权，根据《环境保护法》第四十七条规定，企事业单位在发生或者可能发生突发事件时，应当及时通报可能受到危害的单位和居民。本办法要求企事业单位公开突发环境事件相关信息情况。

由于《环境保护法》《突发事件应对法》等法律法规对上述义务没有明确的

罚则或罚则不具体，根据《行政处罚法》第十二条第二款规定："尚未制定法律、行政法规的，前款规定的国务院部、委员会制定的规章对违反行政管理秩序的行为，可以设定警告或者一定数量罚款的行政处罚。罚款的限额由国务院规定。"本办法为保证突发事件行政管理，规范行政管理秩序，根据《行政处罚法》规定设立警告或责令改正的条款，针对情节严重的设立限额一万元以上三万元人民币以下罚款。

第八章　附　则

第三十九条【解释权】

本办法由环境保护部负责解释。

第四十条【实施】

本办法自 2015 年 6 月 5 日起施行。

关于印发《企业突发环境事件风险评估
指南（试行）》的通知

环办[2014]34 号

各省、自治区、直辖市环境保护厅（局），新疆生产建设兵团环境保护局，辽河保护区管理局：

　　为贯彻落实《突发事件应急预案管理办法》（国办发[2013]101 号），我部组织编制了《企业突发环境事件风险评估指南（试行）》，现印发给你们。请结合各地实际，参照执行。

　　联系人：环境保护部应急办　张龙　毛剑英

　　电话：（010）66556989　66556461

　　传真：（010）66556988

　　附件：企业突发环境事件风险评估指南（试行）

环境保护部办公厅

2014 年 4 月 3 日

附件

企业突发环境事件风险评估指南（试行）

1 适用范围

本指南规定了企业突发环境事件风险（以下简称环境风险）评估的内容、程序和方法。

本指南适用于对可能发生突发环境事件的（已建成投产或处于试生产阶段的）企业进行环境风险评估。评估对象为生产、使用、存储或释放涉及（包括生产原料、燃料、产品、中间产品、副产品、催化剂、辅助生产物料、"三废"污染物等）附录B突发环境事件风险物质及临界量清单中的化学物质（以下简称环境风险物质）以及其他可能引发突发环境事件的化学物质的企业。

本指南不适用于下列情况的环境风险评估：1）涉及核设施与加工放射性物质的单位；2）从事危险废物收集、贮存、利用、处置经营活动的单位；3）从事危险化学品运输的车辆或单位；4）尾矿库；5）石油天然气开采设施；6）军事设施；7）石油天然气长输管道、城镇燃气管道；8）加油站、加气站；9）港口、码头。

2 规范性文件

本指南内容引用了下列文件中的条款。凡是不注日期的引用文件，其有效版本适用于本指南。

2.1 法律法规、规章、指导性文件

《环境保护法》；

《突发事件应对法》；

《安全生产法》；

《消防法》；

《危险化学品安全管理条例》；

《国务院关于加强环境保护重点工作的意见》（国发[2011]35 号）；

《突发事件应急预案管理办法》（国办发[2013]101 号）；

《突发环境事件信息报告办法》（环境保护部令第 17 号）；

《危险化学品重大危险源监督管理暂行规定》（安全监管总局令第 40 号）；

《危险化学品生产企业安全生产许可证实施办法》（安全监管总局令第 41 号）；

《危险化学品建设项目安全监督管理办法》（安全监管总局令第 45 号）；

《突发环境事件应急预案管理暂行办法》（环发[2010]113 号）；

《化学品环境风险防控"十二五"规划》（环发[2013]20 号）；

《建设项目环境影响评价分类管理名录（2008 年版）》；

《产业结构调整指导目录》（最新年本）；

《重点监管危险化工工艺目录》（2013 年完整版）；

《关于督促化工企业切实做好几项安全环保重点工作的紧急通知》（安监总危化[2006]10 号）。

2.2　标准、技术规范

《危险化学品重大危险源辨识》（GB 18218—2009）；

《化工建设项目环境保护设计规范》（GB 50483—2009）；

《建筑设计防火规范》（GB 50016—2006）；

《石油化工企业设计防火规范》（GB 50160—2008）；

《储罐区防火堤设计规范》（GB 50351—2005）；

《化学品分类、警示标签和警示性说明安全规程》（GB 20576～GB 20602）；

《石油化工企业给水排水系统设计规范》（SH3015—2003）；

《石油化工污水处理设计规范》（GB 50747—2012）；

《环境影响评价技术导则　地下水环境》（HJ 610—2011）；

《建设项目环境风险评价技术导则》（HJ/T169—2004）；

《废水排放去向代码》（HJ 523—2009）；

《固定式压力容器安全技术监察规程》（TSG R0004—2009）；

《化学品毒性鉴定技术规范》（卫监督发[2005]272 号）；

《事故状态下水体污染的预防与控制技术要求》（中国石油企业标准 Q/SY

1190—2013）；

《水体污染事故风险预防与控制措施运行管理要求》（中国石油企业标准
Q/SY1310—2010）。

2.3 其他参考资料

Emergency Response Guidebook 2012

（网址 http：//wwwapps.tc.gc.ca/saf-sec-sur/3/erg-gmu/erg/ergmenu.aspx）

化学品安全技术说明书（Material Safety Data Sheet）。

3 术语与定义

下列术语和定义适用于本指南。

3.1 突发环境事件 是指突然发生，造成或可能造成环境污染或生态破坏，危及
人民群众生命财产安全，影响社会公共秩序，需要采取紧急措施予以应对的事件。

3.2 环境风险 是指发生突发环境事件的可能性及突发环境事件造成的危害程
度。

3.3 突发环境事件风险物质及临界量 指本指南附录 B 规定的某种（类）化学物
质及其数量。

3.4 环境风险单元 指长期或临时生产、加工、使用或储存环境风险物质的一个
（套）生产装置、设施或场所或同属一个企业且边缘距离小于 500 米的几个（套）
生产装置、设施或场所。

3.5 环境风险受体 指在突发环境事件中可能受到危害的企业外部人群、具有一
定社会价值或生态环境功能的单位或区域等。

3.6 清净下水 指装置区排出的未被污染的废水，如间接冷却水的排水、溢流
水等。

3.7 事故排水 指事故状态下排出的含有泄漏物，以及施救过程中产生其他物质
的生产废水、清净下水、雨水或消防水等。

4 环境风险评估的一般要求

4.1 有下列情形之一的，企业应当及时划定或重新划定本企业环境风险等级，编
制或修订本企业的环境风险评估报告：

1）未划定环境风险等级或划定环境风险等级已满三年的；

2）涉及环境风险物质的种类或数量、生产工艺过程与环境风险防范措施或周边可能受影响的环境风险受体发生变化，导致企业环境风险等级变化的；

3）发生突发环境事件并造成环境污染的；

4）有关企业环境风险评估标准或规范性文件发生变化的。

4.2　企业可以自行编制环境风险评估报告，也可以委托相关专业技术服务机构编制。

4.3　新、改、扩建相关项目的环境影响评价报告中的环境风险评价内容，可作为所属企业编制环境风险评估报告的重要内容。

5　环境风险评估的程序

企业环境风险评估，按照资料准备与环境风险识别、可能发生突发环境事件及其后果分析、现有环境风险防控和环境应急管理差距分析、制定完善环境风险防控和应急措施的实施计划、划定突发环境事件风险等级五个步骤实施。

6　环境风险评估的内容

6.1　资料准备与环境风险识别

在收集相关资料的基础上，开展环境风险识别。环境风险识别对象包括：1）企业基本信息；2）周边环境风险受体；3）涉及环境风险物质和数量；4）生产工艺；5）安全生产管理；6）环境风险单元及现有环境风险防控与应急措施；7）现有应急资源等。

对上述 2）至 6）按照附录 A 中 A.1 至 A.3 的要求，并综合考虑环境风险企业、环境风险传播途径及环境风险受体进行环境风险识别。制作企业地理位置图、厂区平面布置图、周边环境风险受体分布图，企业雨水、清净下水收集和排放管网图，污水收集和排放管网图以及所有排水最终去向图，并作为评估报告附件。

6.1.1　企业基本信息

列表说明下列内容：

1）单位名称、组织机构代码、法定代表人、单位所在地、中心经度、中心纬度、所属行业类别、建厂年月、最新改扩建年月、主要联系方式、企业规模、厂区面积、从业人数等（如为子公司，还需列明上级公司名称和所属集团公司名称）；

2）地形、地貌（如在泄洪区、河边、坡地）、气候类型、年风向玫瑰图、历史上曾经发生过的极端天气情况和自然灾害情况（如地震、台风、泥石流、洪水等）；

3）环境功能区划情况以及最近一年地表水、地下水、大气、土壤环境质量现状。

6.1.2　现有应急资源情况

现有应急资源，是指第一时间可以使用的企业内部应急物资、应急装备和应急救援队伍情况，以及企业外部可以请求援助的应急资源，包括与其他组织或单位签订应急救援协议或互救协议情况等。

应急物资主要包括处理、消解和吸收污染物（泄漏物）的各种絮凝剂、吸附剂、中和剂、解毒剂、氧化还原剂等；应急装备主要包括个人防护装备、应急监测能力、应急通信系统、电源（包括应急电源）、照明等。

按应急物资、装备和救援队伍，分别列表说明下列内容：

名称、类型（指物资、装备或队伍）、数量（或人数）、有效期（指物资）、外部供应单位名称、外部供应单位联系人、外部供应单位联系电话等。

6.2　可能发生的突发环境事件及其后果情景分析

6.2.1　收集国内外同类企业突发环境事件资料

列表说明下列内容：

年份日期，地点，装置规模，引发原因，物料泄漏量，影响范围，采取的应急措施，事件损失，事件对环境及人造成的影响等。

6.2.2　提出所有可能发生突发环境事件情景

结合 6.2.1 的事件情景，列表说明并至少从以下几个方面分析可能引发或次生突发环境事件的最坏情景。

A　火灾、爆炸、泄漏等生产安全事故及可能引起的次生、衍生厂外环境污染及人员伤亡事故（例如，因生产安全事故导致有毒有害气体扩散出厂界，消防水、物料泄漏物及反应生成物，从雨水排口、清净下水排口、污水排口、厂门或围墙排出厂界，污染环境等）；

B　环境风险防控设施失灵或非正常操作（如雨水阀门不能正常关闭，化工行业火炬意外灭火）；

C　非正常工况（如开、停车等）；

D　污染治理设施非正常运行；

E 违法排污；

F 停电、断水、停气等；

G 通讯或运输系统故障；

H 各种自然灾害、极端天气或不利气象条件；

I 其他可能的情景。

6.2.3 每种情景源强分析

针对上述 6.2.2 提出的每种情景进行源强分析，包括释放环境风险物质的种类、物理化学性质、最小和最大释放量、扩散范围、浓度分布、持续时间、危害程度。

有关源强计算方法可参考《建设项目环境风险评价技术导则》（HJ/T169—2004）。

6.2.4 每种情景环境风险物质释放途径、涉及环境风险防控与应急措施、应急资源情况分析

对可能造成地表水、地下水和土壤污染的，分析环境风险物质从释放源头（环境风险单元），经厂界内到厂界外，最终影响到环境风险受体的可能性、释放条件、排放途径，涉及环境风险与应急措施的关键环节，需要应急物资、应急装备和应急救援队伍情况。

对于可能造成大气污染的，依据风向、风速等分析环境风险物质少量泄漏和大量泄漏情况下，白天和夜间可能影响的范围，包括事故发生点周边的紧急隔离距离、事故发生地下风向人员防护距离。

6.2.5 每种情景可能产生的直接、次生和衍生后果分析

根据 6.2.3 和 6.2.4 的分析，从地表水、地下水、土壤、大气、人口、财产乃至社会等方面考虑并给出突发环境事件对环境风险受体的影响程度和范围，包括如需要疏散的人口数量，是否影响到饮用水水源地取水，是否造成跨界影响，是否影响生态敏感区生态功能，预估可能发生的突发环境事件级别等。

7 现有环境风险防控与应急措施差距分析

根据 6.1 和 6.2 的分析，从以下五个方面对现有环境风险防控与应急措施的完备性、可靠性和有效性进行分析论证，找出差距、问题，提出需要整改的短期、

中期和长期项目内容：

7.1　环境风险管理制度

1）环境风险防控和应急措施制度是否建立，环境风险防控重点岗位的责任人或责任机构是否明确，定期巡检和维护责任制度是否落实；

2）环评及批复文件的各项环境风险防控和应急措施要求是否落实；

3）是否经常对职工开展环境风险和环境应急管理宣传和培训；

4）是否建立突发环境事件信息报告制度，并有效执行。

7.2　环境风险防控与应急措施

1）是否在废气排放口、废水、雨水和清洁下水排放口对可能排出的环境风险物质，按照物质特性、危害，设置监视、控制措施，分析每项措施的管理规定、岗位职责落实情况和措施的有效性；

2）是否采取防止事故排水、污染物等扩散、排出厂界的措施，包括截流措施、事故排水收集措施、清净下水系统防控措施、雨水系统防控措施、生产废水处理系统防控措施等，分析每项措施的管理规定、岗位职责落实情况和措施的有效性；

3）涉及毒性气体的，是否设置毒性气体泄漏紧急处置装置，是否已布置生产区域或厂界毒性气体泄漏监控预警系统，是否有提醒周边公众紧急疏散的措施和手段等，分析每项措施的管理规定、岗位责任落实情况和措施的有效性。

7.3　环境应急资源

1）是否配备必要的应急物资和应急装备（包括应急监测）；

2）是否已设置专职或兼职人员组成的应急救援队伍；

3）是否与其他组织或单位签订应急救援协议或互救协议（包括应急物资、应急装备和救援队伍等情况）。

7.4　历史经验教训总结

分析、总结历史上同类型企业或涉及相同环境风险物质的企业发生突发环境事件的经验教训，对照检查本单位是否有防止类似事件发生的措施。

7.5　需要整改的短期、中期和长期项目内容

针对上述排查的每一项差距和隐患，根据其危害性、紧迫性和治理时间的长短，提出需要完成整改的期限，分别按短期（3个月以内）、中期（3～6个月）和长期（6个月以上）列表说明需要整改的项目内容，包括：整改涉及的环境风险

单元、环境风险物质、目前存在的问题（环境风险管理制度、环境风险防控与应急措施、应急资源）、可能影响的环境风险受体。

8　完善环境风险防控与应急措施的实施计划

针对需要整改的短期、中期和长期项目，分别制定完善环境风险防控和应急措施的实施计划。实施计划应明确环境风险管理制度、环境风险防控措施、环境应急能力建设等内容，逐项制定加强环境风险防控措施和应急管理的目标、责任人及完成时限。

每完成一次实施计划，都应将计划完成情况登记建档备查。

对于因外部因素致使企业不能排除或完善的情况，如环境风险受体的距离和防护等问题，应及时向所在地县级以上人民政府及其有关部门报告，并配合采取措施消除隐患。

9　划定企业环境风险等级

完成短期、中期或长期的实施计划后，应及时修订突发环境事件应急预案，并按照附录 A 划定或重新划定企业环境风险等级，并记录等级划定过程，包括：

1）计算所涉及环境风险物质数量与其临界量比值（Q）；

2）逐项计算工艺过程与环境风险控制水平值（M），确定工艺过程与环境风险控制水平；

3）判断企业周边环境风险受体是否符合环评及批复文件的卫生或大气防护距离要求，确定环境风险受体类型（E）；

4）确定企业环境风险等级，按要求表征级别。

附录 A　企业突发环境事件风险等级划分方法

附录 B　突发环境事件风险物质及临界量清单

附录 C　企业环境风险防控与应急措施实行标准对照表

附录 D　企业突发环境事件风险评估报告编制大纲

附录 A　企业突发环境事件风险等级划分方法

通过定量分析企业生产、加工、使用、存储的所有环境风险物质数量与其临界量的比值（Q），评估工艺过程与环境风险控制水平（M）以及环境风险受体敏感性（E），按照矩阵法对企业突发环境事件风险（以下简称环境风险）等级进行划分。环境风险等级划分为一般环境风险、较大环境风险和重大环境风险三级，分别用蓝色、黄色和红色标志。评估程序见图 1。

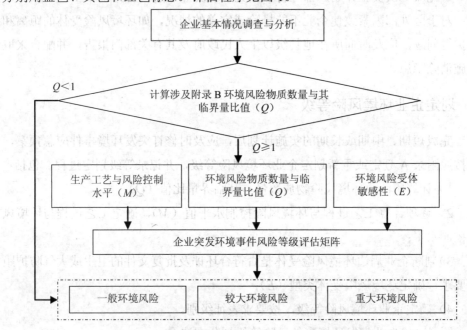

图 1　企业突发环境事件风险等级划分流程示意图

A.1　环境风险物质数量与临界量比值（Q）

针对企业的生产原料、燃料、产品、中间产品、副产品、催化剂、辅助生产原料、"三废"污染物等，列表说明下列内容：

物质名称，化学文摘号（CAS 号），目前数量和可能存在的最大数量，在正常使用和事故状态下的物理、化学性质、毒理学特性、对人体和环境的急性和慢性危害、伴生/次生物质，以及基本应急处置方法等，对照附录 B 标明是否为环境风险物质。

计算所涉及的每种环境风险物质在厂界内的最大存在总量（如存在总量呈动态变化，则按公历年度内某一天最大存在总量计算；在不同厂区的同一种物质，按其在厂界内的最大存在总量计算）与其在附录 B 中对应的临界量的比值 Q：

（1）当企业只涉及一种环境风险物质时，计算该物质的总数量与其临界量比值，即为 Q；

（2）当企业存在多种环境风险物质时，则按式（1）计算物质数量与其临界量比值（Q）：

$$Q = \frac{q_1}{Q_1} + \frac{q_2}{Q_2} + \cdots + \frac{q_n}{Q_n} \tag{1}$$

式中：q_1，q_2，...，q_n—— 每种环境风险物质的最大存在总量，t；

Q_1，Q_2，...，Q_n—— 每种环境风险物质的临界量，t。

当 $Q < 1$ 时，企业直接评为一般环境风险等级，以 Q 表示。

当 $Q \geqslant 1$ 时，将 Q 值划分为：（1）$1 \leqslant Q < 10$；（2）$10 \leqslant Q < 100$；（3）$Q \geqslant 100$，分别以 Q_1、Q_2 和 Q_3 表示。

A.2 生产工艺与环境风险控制水平（M）

采用评分法对企业生产工艺、安全生产控制、环境风险防控措施、环评及批复落实情况、废水排放去向等指标进行评估汇总，确定企业生产工艺与环境风险控制水平。评估指标及分值分别见表 1 与表 2。

表 1 企业生产工艺与环境风险控制水平评估指标

评估指标		分 值
生产工艺		20 分
安全生产控制（8 分）	消防验收	2 分
	危险化学品安全评价	2 分
	安全生产许可	2 分
	危险化学品重大危险源备案	2 分

评估指标		分 值
水环境风险防控措施 （40分）	截流措施	8分
	事故排水收集措施	8分
	清净下水系统防控措施	8分
	雨水系统防控措施	8分
	生产废水系统防控措施	8分
大气环境风险防控措施 （12分）	毒性气体泄漏紧急处置装置	8分
	生产区域或厂界毒性气体泄漏监控预警系统	4分
环评及批复的其他环境风险防控措施落实情况		10分
废水排放去向		10分

表 2　企业生产工艺与环境风险控制水平

工艺与环境风险控制水平值（M）	工艺过程与环境风险控制水平
$M<25$	M_1 类水平
$25 \leqslant M<45$	M_2 类水平
$45 \leqslant M<60$	M_3 类水平
$M \geqslant 60$	M_4 类水平

A.2.1　生产工艺

列表说明企业生产工艺及其特征：生产工艺名称，反应条件（包括高温、高压、易燃、易爆），是否属于《重点监管危险化工工艺目录》或国家规定有淘汰期限的淘汰类落后生产工艺装备等。

按照表 3 评估企业生产工艺情况。具有多套工艺单元的企业，对每套生产工艺分别评分并求和。企业生产工艺最高分值为 20 分，超过 20 分则按最高分计。表 3 中的化工工艺名录将根据突发环境事件的发生状况和有关规定适时调整。

表 3　企业生产工艺

评 估 依 据	分 值
涉及光气及光气化工艺、电解工艺（氯碱）、氯化工艺、硝化工艺、合成氨工艺、裂解（裂化）工艺、氟化工艺、加氢工艺、重氮化工艺、氧化工艺、过氧化工艺、氨基化工艺、磺化工艺、聚合工艺、烷基化工艺、新型煤化工工艺、电石生产工艺、偶氮化工艺	10/套

评 估 依 据	分 值
其他高温或高压、涉及易燃易爆等物质的工艺过程 1	5/套
具有国家规定限期淘汰的工艺名录和设备 2	5/套
不涉及以上危险工艺过程或国家规定的禁用工艺/设备	0

注 1：高温指工艺温度≥300℃，高压指压力容器的设计压力（p）≥10.0 MPa，易燃易爆等物质是指按照 GB 20576 至 GB 20602《化学品分类、警示标签和警示性说明安全规范》所确定的化学物质；
2：指根据国家发展改革委发布的《产业结构调整指导目录》（最新年本）中有淘汰期限的淘汰类落后生产工艺装备。

A.2.2　安全生产管理

按照表 4 评估企业现有安全生产管理情况，并附相关证明文件。

表 4　企业安全生产控制

评估指标	评 估 依 据	分值
消防验收	消防验收意见为合格，且最近一次消防检查合格	0
	消防验收意见不合格，或最近一次消防检查不合格	2
安全生产许可	非危险化学品生产企业，或危险化学品生产企业取得安全生产许可	0
	危险化学品生产企业未取得安全生产许可	2
危险化学品安全评价	开展危险化学品安全评价；通过安全设施竣工验收，或无要求	0
	未开展危险化学品安全评价，或未通过安全设施竣工验收	2
危险化学品重大危险源备案	无重大危险源，或所有危险化学品重大危险源均已备案	0
	有危险化学品重大危险源未备案	2

A.2.3　环境风险防控与应急措施

从生产装置、储运系统、公用工程系统、辅助生产设施及环境保护设施等方面，列表说明每个涉及环境风险物质的环境风险单元及其环境风险防控措施的实施和日常管理情况。

对照表 5，列出每个风险单元所采取的水、大气等环境风险防控措施，包括：截流措施、事故排水收集措施、清净下水系统防控措施、雨排水系统防控措施、生产废水处理系统防控措施；毒性气体泄漏紧急处置装置和毒性气体泄漏监控预警措施；环评及批复的其他风险防控措施落实情况等。

按照表 5 评估企业环境风险防控与应急措施情况。若企业具有一套收集措施，兼具或部分兼具收集泄漏物、受污染的清净下水、雨水、消防水功能，应按表 5

对照相应功能要求分别评分。

表5　企业环境风险防控与应急措施

评估指标	评 估 依 据	分值
截流措施	1）各个环境风险单元设防渗漏、防腐蚀、防淋溶、防流失措施，设防初期雨水、泄漏物、受污染的消防水（溢）流入雨水和清净下水系统的导流围挡收集措施（如防火堤、围堰等），且相关措施符合设计规范；且 2）装置围堰与罐区防火堤（围堰）外设排水切换阀，正常情况下通向雨水系统的阀门关闭，通向事故存液池、应急事故水池、清净下水排放缓冲池或污水处理系统的阀门打开；且 3）前述措施日常管理及维护良好，有专人负责阀门切换，保证初期雨水、泄漏物和受污染的消防水排入污水系统	0
	有任意一个环境风险单元的截流措施不符合上述任意一条要求的	8
事故排水收集措施	1）按相关设计规范设置应急事故水池、事故存液池或清净下水排放缓冲池等事故排水收集设施，并根据下游环境风险受体敏感程度和易发生极端天气情况，设置事故排水收集设施的容量；且 2）事故存液池、应急事故水池、清净下水排放缓冲池等事故排水收集设施位置合理，能自流式或确保事故状态下顺利收集泄漏物和消防水，日常保持足够的事故排水缓冲容量；且 3）设抽水设施，并与污水管线连接，能将所收集物送至厂区内污水处理设施处理	0
	有任意一个环境风险单元的事故排水收集措施不符合上述任意一条要求的	8
清净下水系统防控措施	1）不涉及清净下水；或 2）厂区内清净下水均进入废水处理系统；或清污分流，且清净下水系统具有下述所有措施： ①具有收集受污染的清净下水、初期雨水和消防水功能的清净下水排放缓冲池（或雨水收集池），池内日常保持足够的事故排水缓冲容量；池内设有提升设施，能将所集物送至厂区内污水处理设施处理；且 ②具有清净下水系统（或排入雨水系统）的总排口监视及关闭设施，有专人负责在紧急情况下关闭清净下水总排口，防止受污染的雨水、清净下水、消防水和泄漏物进入外环境	0
	涉及清净下水，有任意一个环境风险单元的清净下水系统防控措施但不符合上述2）要求的	8

评估指标	评 估 依 据	分值
雨排水系统防控措施	厂区内雨水均进入废水处理系统；或雨污分流，且雨排水系统具有下述所有措施： ①具有收集初期雨水的收集池或雨水监控池；池出水管上设置切断阀，正常情况下阀门关闭，防止受污染的水外排；池内设有提升设施，能将所集物送至厂区内污水处理设施处理；且 ②具有雨水系统外排总排口（含泄洪渠）监视及关闭设施，有专人负责在紧急情况下关闭雨水排口（含与清净下水共用一套排水系统情况），防止雨水、消防水和泄漏物进入外环境； ③如果有排洪沟，排洪沟不通过生产区和罐区，具有防止泄漏物和受污染的消防水流入区域排洪沟的措施	0
	不符合上述要求的	8
生产废水处理系统防控措施	1）无生产废水产生或外排；或 2）有废水产生或外排时： ①受污染的循环冷却水、雨水、消防水等排入生产污水系统或独立处理系统；且 ②生产废水排放前设监控池，能够将不合格废水送废水处理设施重新处理；且 ③如企业受污染的清净下水或雨水进入废水处理系统处理，则废水处理系统应设置事故水缓冲设施； ④具有生产废水总排口监视及关闭设施，有专人负责启闭，确保泄漏物、受污染的消防水、不合格废水不排出厂外	0
	涉及废水产生或外排，但不符合上述 2）中任意一条要求的	8
毒性气体泄漏紧急处置装置	1）不涉及有毒有害气体的；或 2）根据实际情况，具有针对有毒有害气体（如硫化氢、氰化氢、氯化氢、光气、氯气、氨气、苯等）的泄漏紧急处置措施	0
	不具备有毒有害气体泄漏紧急处置装置的	8
毒性气体泄漏监控预警措施	1）不涉及有毒有害气体的；或 2）根据实际情况，具有针对有毒有害气体（如硫化氢、氰化氢、氯化氢、光气、氯气、氨气、苯等）设置生产区域或厂界泄漏监控预警措施	0
	不具备生产区域或厂界有毒有害气体泄漏监控预警措施的	4
环评及批复的其他风险防控措施落实情况	按环评及批复文件的要求落实的其他建设环境风险防控设施的	0
	未落实环评及批复文件中其他环境风险防控设施要求的	10

A.2.4　雨排水、清净下水、生产废水排放去向

　　列表说明企业雨排水、清净下水、经处理后的生产废水排放去向、受纳水体名称、受纳水体汇入河流及所属水系，受纳水体的年平均流速流量和最大流速流量等。按照表6评估各类水的排放去向。

表6 企业雨排水、清净下水、生产废水排放去向

评 估 依 据	分 值
不产生废水或废水处理后 100%回用	0
进入城市污水处理厂或工业废水集中处理厂（如工业园区的废水处理厂）	
进入其他单位	7
其他（包括回喷、回灌、回用等）	
直接进入海域或江河、湖、库等水环境	
进入城市下水道再入江河湖库或进入城市下水道再入沿海海域	10
直接进入污灌农田或进入地渗或蒸发地	

A.3 环境风险受体敏感性（E）

列出企业周边所有环境风险受体情况：

以企业厂区边界计，周边 5 公里范围内大气环境风险受体（包括居住、医疗卫生、文化教育、科研、行政办公、重要基础设施、企业等主要功能区域内的人群、保护单位、植被等）和土壤环境风险受体（包括基本农田保护区、居住商用地）情况，并列表说明下列内容：名称、规模（人口数、级别或面积）、中心经度、中心纬度、距企业距离（米）、相对企业方位、服务范围（取水口填写）、联系人和联系电话。

企业雨水排口（含泄洪渠）、清净下水排口、废水总排口下游 10 公里范围内水环境风险受体（包括饮用水水源保护区、自来水厂取水口、自然保护区、重要湿地、特殊生态系统、水产养殖区、鱼虾产卵场、天然渔场等）情况，以及按最大流速计，水体 24 小时流经范围内涉及国界、省界、市界等情况，并列表说明下列内容：名称、规模（级别或面积）、中心经度、中心纬度、据企业距离（米）、相对企业方位、服务范围（取水口填写）、联系人和联系电话。

根据环境风险受体的重要性和敏感程度，由高到低将企业周边的环境风险受体分为类型 1、类型 2 和类型 3，分别以 $E1$、$E2$ 和 $E3$ 表示，见表7。如果企业周边存在多种类型环境风险受体，则按照重要性和敏感度高的类型计。

表 7　企业周边环境风险受体情况划分

类别	环境风险受体情况
类型 1 （E1）	●企业雨水排口、清净下水排口、污水排口下游 10 公里范围内有如下一类或多类环境风险受体的：乡镇及以上城镇饮用水水源（地表水或地下水）保护区；自来水厂取水口；水源涵养区；自然保护区；重要湿地；珍稀濒危野生动植物天然集中分布区；重要水生生物的自然产卵场及索饵场、越冬场和洄游通道；风景名胜区；特殊生态系统；世界文化和自然遗产地；红树林、珊瑚礁等滨海湿地生态系统；珍稀、濒危海洋生物的天然集中分布区；海洋特别保护区；海上自然保护区；盐场保护区；海水浴场；海洋自然历史遗迹；或 ●以企业雨水排口（含泄洪渠）、清净下水排口、废水总排口算起，排水进入受纳河流最大流速时，24 小时流经范围内涉跨国界或省界的；或 ●企业周边现状不满足环评及批复的卫生防护距离或大气环境防护距离等要求的；或 ●企业周边 5 公里范围内居住区、医疗卫生、文化教育、科研、行政办公等机构人口总数大于 5 万人，或企业周边 500 米范围内人口总数大于 1 000 人，或企业周边 5 公里涉及军事禁区、军事管理区、国家相关保密区域
类型 2 （E2）	●企业雨水排口、清净下水排口、污水排口下游 10 公里范围内有如下一类或多类环境风险受体的：水产养殖区；天然渔场；耕地、基本农田保护区；富营养化水域；基本草原；森林公园；地质公园；天然林；海滨风景游览区；具有重要经济价值的海洋生物生存区域；或 ●企业周边 5 公里范围内居住区、医疗卫生、文化教育、科研、行政办公等机构人口总数大于 1 万人，小于 5 万人；或企业周边 500 米范围内人口总数大于 500 人，小于 1000 人；或 ●企业位于熔岩地貌、泄洪区、泥石流多发等地区
类型 3 （E3）	●企业下游 10 公里范围无上述类型 1 和类型 2 包括的环境风险受体；或 ●企业周边 5 公里范围内居住区、医疗卫生、文化教育、科研、行政办公等机构人口总数小于 1 万人，或企业周边 500 米范围内人口总数小于 500 人

A.4　企业环境风险等级划分

根据企业周边环境风险受体的 3 种类型，按照环境风险物质数量与临界量比值（Q）、生产工艺过程与环境风险控制水平（M）矩阵，确定企业环境风险等级。

企业周边环境风险受体属于类型 1 时，按表 8 确定环境风险等级。

表 8　类型 1（$E1$）——企业环境风险分级表

环境风险物质数量与临界量比（Q）	生产工艺过程与环境风险控制水平（M）			
	$M1$ 类水平	$M2$ 类水平	$M3$ 类水平	$M4$ 类水平
$1 \leq Q < 10$	较大环境风险	较大环境风险	重大环境风险	重大环境风险
$10 \leq Q < 100$	较大环境风险	重大环境风险	重大环境风险	重大环境风险
$100 \leq Q$	重大环境风险	重大环境风险	重大环境风险	重大环境风险

企业周边环境风险受体属于类型 2 时，按表 9 确定环境风险等级。

表 9　类型 2（$E2$）——企业环境风险分级表

环境风险物质数量与临界量比（Q）	生产工艺过程与环境风险控制水平（M）			
	$M1$ 类水平	$M2$ 类水平	$M3$ 类水平	$M4$ 类水平
$1 \leq Q < 10$	一般环境风险	较大环境风险	较大环境风险	重大环境风险
$10 \leq Q < 100$	较大环境风险	较大环境风险	重大环境风险	重大环境风险
$100 \leq Q$	较大环境风险	重大环境风险	重大环境风险	重大环境风险

企业周边环境风险受体属于类型 3 时，按表 10 确定环境风险等级。

表 10　类型 3（$E3$）——企业环境风险分级表

环境风险物质数量与临界量比（Q）	生产工艺过程与环境风险控制水平（M）			
	$M1$ 类水平	$M2$ 类水平	$M3$ 类水平	$M4$ 类水平
$1 \leq Q < 10$	一般环境风险	一般环境风险	较大环境风险	较大环境风险
$10 \leq Q < 100$	一般环境风险	较大环境风险	较大环境风险	重大环境风险
$100 \leq Q$	较大环境风险	较大环境风险	重大环境风险	重大环境风险

A.5　级别表征

企业环境风险等级可表示为"级别（Q 值代码+工艺过程与环境风险控制水平代码+环境风险受体类型代码）"，例如：Q 值范围为 $1 \leq Q < 10$，环境风险受体为类型 1，工艺过程与环境风险控制水平为 $M3$ 类的企业突发环境事件环境风险等级可表示为"重大（$Q1M3E1$）"。

附录 B　突发环境事件风险物质及临界量清单

序号	物　质　名　称	CAS 号	临界量/t	备　注
		第一部分		
1	甲醛	50-00-0	0.5	
2	四氯化碳	56-23-5	7.5	
3	1,1-二甲基肼	57-14-7	7.5	
4	乙醚	60-29-7	10	
5	甲基肼	60-34-4	7.5	重点环境管理危险化学品
6	苯胺	62-53-3	5	
7	敌敌畏	62-73-7	2.5	
8	甲醇	67-56-1	500*	
9	异丙醇	67-63-0	5	
10	丙酮	67-64-1	10	
11	三氯甲烷	67-66-3	10	
12	丁醇	71-36-3	5	
13	苯	71-43-2	10	重点环境管理危险化学品
14	天然气	74-82-8	5	
15	溴甲烷	74-83-9	7.5	
16	乙烯	74-85-1	5	
17	乙炔	74-86-2	5	
18	氯甲烷	74-87-3	10	
19	碘甲烷	74-88-4	10	
20	甲胺	74-89-5	5	
21	氰化氢	74-90-8	2.5	
22	甲硫醇	74-93-1	5	
23	丙烷	74-98-6	5	
24	氯乙烯	75-01-4	5	重点环境管理危险化学品
25	乙胺	75-04-7	10	
26	乙腈	75-05-8	10	
27	乙醛	75-07-0	5	
28	乙硫醇	75-08-1	10	
29	二氯甲烷	75-09-2	10	
30	二硫化碳	75-15-0	10	

序号	物 质 名 称	CAS 号	临界量/t	备 注
31	二甲基硫醚	75-18-3	10	
32	环丙烷	75-19-4	5	
33	环氧乙烷	75-21-8	7.5	重点环境管理危险化学品
34	异丁烷	75-28-5	5	
35	异丙基氯	75-29-6	5	
36	异丙胺	75-31-0	5	
37	1,1-二氯乙烯	75-35-4	5	
38	光气	75-44-5	0.25	
39	三甲胺	75-50-3	2.5	
40	丙烯亚胺	75-55-8	10	
41	环氧丙烷	75-56-9	10	
42	2-氨基异丁烷	75-64-9	5	
43	三甲基氯硅烷	75-77-4	7.5	
44	二甲基二氯硅烷	75-78-5	2.5	
45	甲基三氯硅烷	75-79-6	2.5	
46	丙酮氰醇	75-86-5	2.5	重点环境管理危险化学品
47	三氯硝基甲烷	76-06-2	0.25	
48	硫酸二甲酯	77-78-1	0.25	
49	四乙基铅	78-00-2	2.5	重点环境管理危险化学品
50	异丁腈	78-82-0	10	
51	二氯丙烷	78-87-5	7.5	
52	三氯乙烯	79-01-6	10	
53	乙酸甲酯	79-20-9	5	
54	过氧乙酸	79-21-0	5	
55	氯甲酸甲酯	79-22-1	2.5	
56	三氟氯乙烯	79-38-9	5	
57	甲基丙烯酸甲酯	80-62-6	5	
58	邻苯二甲酸二丁酯	84-74-2	10	
59	甲苯-2,6-二异氰酸酯	91-08-7	5	
60	萘	91-20-3	5	重点环境管理危险化学品
61	联苯胺	92-87-5	0.5	
62	1,2-二氯苯	95-50-1	10	
63	3,4-二氯甲苯	95-75-0	10	
64	氯乙酸甲酯	96-34-4	7.5	
65	硝基苯	98-95-3	10	
66	2,6-二氯-4-硝基苯胺	99-30-9	5	

序号	物 质 名 称	CAS 号	临界量/t	备 注
67	4-硝基苯胺	100-01-6	5	
68	乙苯	100-41-4	10	
69	苯乙烯	100-42-5	10	
70	N-甲基苯胺	100-61-8	5	
71	1,4-二氯苯	106-46-7	10	
72	对苯醌	106-51-4	1	
73	环氧氯丙烷	106-89-8	10	
74	丁烷	106-97-8	5	
75	1-丁烯	106-98-9	5	
76	1,3-丁二烯	106-99-0	5	
77	2-丁烯	107-01-7	5	
78	丙烯醛	107-02-8	2.5	
79	3-氯丙烯	107-05-1	5	
80	1,2-二氯乙烷	107-06-2	7.5	
81	2-氯乙醇	107-07-3	5	
82	3-氨基丙烯（烯丙胺）	107-11-9	5	
83	丙腈	107-12-0	5	
84	丙烯腈	107-13-1	10	
85	乙二胺	107-15-3	10	
86	2-丙烯-1-醇	107-18-6	7.5	
87	乙烯基甲醚	107-25-5	5	
88	氯甲基甲醚	107-30-2	2.5	
89	甲酸甲酯	107-31-3	5	
90	醋酸乙烯	108-05-4	7.5	
91	异丙基氯甲酸酯	108-23-6	7.5	
92	三聚氯氰	108-77-0	10	
93	甲苯	108-88-3	10	
94	氯苯	108-90-7	5	
95	环己胺	108-91-8	10	
96	环己酮	108-94-1	5	
97	苯酚	108-95-2	5	
98	醋酸正丙酯	109-60-4	5	
99	氯甲酸正丙酯	109-61-5	5	
100	亚硝酸乙酯	109-95-5	5	
101	呋喃	110-00-9	2.5	
102	正己烷	110-54-3	500*	

序号	物质名称	CAS号	临界量/t	备注
103	环己烷	110-82-7	10	
104	哌啶	110-89-4	7.5	
105	己二腈	111-69-3	2.5	
106	正辛醇	111-87-5	7.5	
107	丙烯	115-07-1	5	
108	二甲醚	115-10-6	5	
109	异丁烯	115-11-7	5	
110	四氟乙烯	116-14-3	5	
111	六氯苯	118-74-1	1	
112	2,4,6-三硝基甲苯	118-96-7	5	
113	2,4-二氯苯酚	120-83-2	5	
114	2,4-二硝基甲苯	121-14-2	5	
115	反式-丁烯醛	123-73-9	10	
116	二甲胺	124-40-3	5	
117	甲基丙烯腈	126-98-7	2.5	
118	2-氯-1,3-丁二烯	126-99-8	5	
119	四氯乙烯	127-18-4	10	
120	苯乙腈	140-29-4	1	
121	丙烯酸丁酯	141-32-2	5	
122	丁酰氯	141-75-3	5	
123	乙酸乙酯	141-78-6	500*	
124	2,4,6-三溴苯胺	147-82-0	5	
125	乙撑亚胺	151-56-4	5	
126	乙拌磷	298-04-4	0.5	
127	肼	302-01-2	7.5	
128	氟乙酸甲酯	453-18-9	0.25	
129	丙二烯	463-49-0	5	
130	乙烯酮	463-51-4	2	
131	羰基硫	463-58-1	2.5	
132	1,3-戊二烯	504-60-9	5	
133	溴化氰	506-68-3	2.5	
134	氯化氰	506-77-4	7.5	重点环境管理危险化学品
135	四硝基甲烷	509-14-8	5	
136	硫氰酸甲酯	556-64-9	10	
137	2-氯丙烯	557-98-2	5	
138	甲苯-2,4-二异氰酸酯（TDI）	584-84-9	5	

序号	物 质 名 称	CAS 号	临界量/t	备 注
139	1-氯丙烯	590-21-6	5	
140	氰酸钾	590-28-3	2.5	
141	过氯甲基硫醇	594-42-3	5	
142	三氟溴乙烯	598-73-2	5	
143	反式-2-丁烯	624-64-6	5	
144	异氰酸甲酯	624-83-9	5	
145	一氧化碳	630-08-0	7.5	
146	乙烯基乙炔	689-97-4	5	
147	丙烯酰氯	814-68-6	1	
148	氧化镉	1306-19-0	0.25	
149	五氧化二磷	1314-56-3	10	
150	甲基萘	1321-94-4	5	
151	三氧化二砷	1327-53-3	0.25	重点环境管理危险化学品
152	二甲苯	1330—20-7	10	
153	甲基叔丁基醚	1634-04-4	5	
154	二氯异氰尿酸钠	2893-78-9	2.5	
155	环氧溴丙烷	3132-64-7	2.5	
156	碳酸镍	3333-67-3	0.25	
157	氯酸钾	3811-04-9	100*	
158	二氯硅烷	4109-96-0	5	
159	丁烯醛	4170-30-3	10	
160	硝酸铵	6484-52-2	50	
161	汞	7439-97-6	0.5	重点环境管理危险化学品
162	砷	7440-38-2	0.25	重点环境管理危险化学品
163	二氧化硫	7446-09-5	2.5	
164	三氧化硫	7446-11-9	2.5	
165	四氯化钛	7550-45-0	1	
166	过氯酰氟	7616-94-6	2.5	
167	三氟化硼	7637-7-2	2.5	
168	氯化氢	7647-01-0	2.5	
169	磷酸	7664-38-2	2.5	
170	氟化氢	7664-39-3	5	
171	氨	7664-41-7	7.5	
172	硝酸	7697-37-2	7.5	
173	氯化镍	7718-54-9	0.25	
174	亚硫酰氯	7719-09-7	5	

序号	物　质　名　称	CAS 号	临界量/t	备　注
175	三氯化磷	7719-12-2	7.5	
176	溴	7726-95-6	2.5	
177	铬酸	7738-94-5	0.25	
178	氯酸钠	7775-09-9	100*	
179	铬酸钠	7775-11-3	0.25	
180	砷酸氢二钠	7778-43-0	0.25	
181	氟	7782-41-4	0.5	
182	氯	7782-50-5	1	
183	硫化氢	7783-06-4	2.5	
184	硒化氢	7783-07-5	0.25	
185	硫酸铵	7783-20-2	10	
186	二氟化氧	7783-41-7	0.25	
187	四氟化硫	7783-60-0	1	
188	三氯化砷	7784-34-1	7.5	
189	砷化氢	7784-42-1	0.5	重点环境管理危险化学品
190	硫酸镍	7786-81-4	0.25	
191	铬酸钾	7789-00-6	0.25	
192	氯磺酸	7790-94-5	0.5	
193	高氯酸铵	7790-98-9	5	
194	一氧化二氯	7791-21-1	5	
195	磷化氢	7803-51-2	2.5	
196	锑化氢	7803-52-3	2.5	
197	硅烷	7803-62-5	2.5	
198	发烟硫酸	8014-95-7	2.5	
199	一氯化硫	10025-67-9	2.5	
200	三氯硅烷	10025-78-2	5	
201	氧氯化磷	10025-87-3	2.5	
202	四氯化硅	10026-04-7	5	
203	溴化氢	10035-10-6	2.5	
204	七水合砷酸氢二钠	10048-95-0	0.22	
205	二氧化氯	10049-04-4	0.5	
206	一氧化氮	10102-43-9	0.5	
207	二氧化氮	10102-44-0	1	
208	氯化镉	10108-64-2	0.25	
209	硫酸镉	10124-36-4	0.25	
210	三氯化硼	10294-34-5	2.5	

序号	物 质 名 称	CAS 号	临界量/t	备 注
211	白磷	12185-10-3	5	
212	羰基镍	13463-39-3	0.5	
213	五羰基铁	13463-40-6	1	
214	硫酸镍铵	15699-18-0	0.25	
215	硫氢化钠	16721-80-5	2.5	
216	氟硅酸	16961-83-4	5	
217	乙硼烷	19287-45-7	1	
218	戊硼烷	19624-22-7	0.25	
219	四氧化锇	20816-12-0	0.25	
220	丁烯	25167-67-3	5	
221	硝基氯苯	25167-93-5	5	
222	二苯基亚甲基二异氰酸酯（MDI）	26447-40-5	0.5	
223	甲苯二异氰酸酯	26471-62-5	2.5	
224	乙酰甲胺磷	30560-19-1	0.25	
225	硫	63705-05-5	10	
226	石油气	68476-85-7	5	
227	煤气（CO，CO 和 H_2，CH_4 的混合物等）	—	7.5	
228	铜及其化合物（以铜离子计）	—	0.25	
229	锑及其化合物（以锑计）	—	0.25	
230	铊及其化合物（以铊计）	—	0.25	
231	钼及其化合物（以钼计）	—	0.25	
232	钒及其化合物（以钒计）	—	0.25	
233	锰及其化合物（以锰计）	—	0.25	
234	油类物质（矿物油类，如石油、汽油、柴油等；生物柴油等）	—	2 500**	
235	剧毒化学物质	—	5	
236	有毒化学物质	—	50	
237	COD_{Cr} 浓度≥10 000 mg/L 的有机废液	—	10	
238	NH_3-N 浓度≥2 000 mg/L 的废液	—	1	

序号	物 质 名 称	CAS 号	临界量/t	备 注
		第二部分		
239	1,2,3-三氯代苯	87-61-6	5	
240	1,2,4-三氯代苯	120-82-1	2.5	
241	1,2,4,5-四氯代苯	95-94-3	5	
242	1,2-二硝基苯	528-29-0	0.5	
243	1,3-二硝基苯	99-65-0	0.5	
244	1-氯-2,4-二硝基苯	97-00-7	5	
245	5-叔丁基-2,4,6-三硝基间二甲苯	81-15-2	5	
246	五氯硝基苯	82-68-8	0.5	
247	2-甲基苯胺	95-53-4	7.5	
248	2-氯苯胺	95-51-2	5	
249	壬基酚	25154-52-3	1	
250	支链-4-壬基酚	84852-15-3	1	
251	六氯-1,3-丁二烯	87-68-3	2.5	
252	萤蒽	206-44-0	0.5	
253	精蒽	120-12-7	5	
254	粗蒽	120-12-7	5	
255	一氯丙酮	78-95-5	2.5	
256	全氟辛基磺酸	1763-23-1	5	
257	全氟辛基磺酸铵	29081-56-9	5	
258	全氟辛基磺酸二癸二甲基铵	251099-16-8	5	
259	全氟辛基磺酸二乙醇胺	70225-14-8	5	
260	全氟辛基磺酸钾	2795-39-3	5	
261	全氟辛基磺酸锂	29457-72-5	5	
262	全氟辛基磺酸四乙基铵	56773-42-3	5	
263	全氟辛基磺酰氟	307-35-7	5	
264	六溴环十二烷（HBCDD）	25637-99-4；3194-55-6（134237-50-6；134237-51-7；134237-52-8）	5	
265	氰化钾	151-50-8	0.25	
266	氰化钠	143-33-9	0.25	
267	氰化镍钾	14220-17-8	0.25	
268	氰化银钾	506-61-6	0.25	

序号	物　质　名　称	CAS 号	临界量/t	备　注
269	氰化亚铜	544-92-3	0.25	
270	砷酸	7778-39-4	0.25	
271	五氧化二砷	1303-28-2	0.25	
272	亚砷酸钠	7784-46-5	0.25	
273	硝酸钴	10141-05-6	0.25	
274	硝酸镍	13138-45-9；14216-75-2	0.25	
275	氯化汞	7487-94-7	0.25	
276	氯化铵汞	10124-48-8	0.25	
277	硝酸汞	10045-94-0	0.25	
278	乙酸汞	1600-27-7	0.25	
279	氧化汞	21908-53-2	0.25	
280	溴化亚汞	10031-18-2	0.25	
281	乙酸苯汞	62-38-4	0.25	
282	硝酸苯汞	55-68-5	0.25	
283	重铬酸铵	7789-9-5	0.25	
284	重铬酸钾	7778-50-9	0.25	
285	重铬酸钠	10588-01-9	0.25	
286	三氧化铬[无水]	1333-82-0	0.25	
287	四甲基铅	75-74-1	2.5	
288	乙酸铅	301-04-2	0.25	
289	硅酸铅	10099-76-0；11120-22-2	0.25	
290	氟化铅	7783-46-2	0.25	
291	四氧化三铅	1314-41-6	0.25	
292	一氧化铅	1317-36-8	0.25	
293	硫酸铅[含游离酸＞3%]	7446-14-2	0.25	
294	硝酸铅	10099-74-8	0.25	
295	二丁基二（十二酸）锡	77-58-7	0.5	
296	二丁基氧化锡	818-08-6	0.25	
297	二氧化硒	7446-8-4	0.25	
298	硒化镉	1306-24-7	0.25	
299	硒化铅	12069-00-0	0.25	
300	氟硼酸镉	14486-19-2	0.25	
301	碲化镉	1306-25-8	0.25	
302	1,1′-二甲基-4,4-联吡啶阳离子及其混合物	4685-14-7	1	

序号	物 质 名 称	CAS 号	临界量/t	备 注
303	O-O-二甲基-S-[1,2-双（乙氧基甲酰）乙基]二硫代磷酸酯	121-75-5	10	
304	双（N,N-二甲基甲硫酰）二硫化物	137-26-8	0.25	
305	双（二甲基二硫代氨基甲酸）锌	137-30-4	0.25	
306	N-（2,6-二乙基苯基）-N-甲氧基甲基-氯乙酰胺	15972-60-8	5	
307	N-（2-乙基-6-甲基苯基）-N-乙氧基甲基-氯乙酰胺	34256-82-1	5	
308	（1,4,5,6,7,7-六氯-8,9,10-三降冰片-5-烯-2,3-亚基双亚甲基）亚硫酸酯	115-29-7	0.25	
309	（RS）-α-氰基-3-苯氧基苄基（SR）-3-（2,2-二氯乙烯基）-2,2-二甲基环丙烷羧酸酯	52315-07-8	5	
310	三苯基氢氧化锡	76-87-9	0.25	

说明：

本表共规定了 310 种（类）化学物质及其临界量，说明如下：

1. 关于分类

第一部分共 238 种（其中有 12 种属重点环境管理危险化学品，见备注栏），以物质的化学文摘号（CAS）由小到大排序。序号 235 和 236 分别是剧毒化学物质和有毒化学物质，剧毒化学物质是根据《化学品毒性鉴定技术规范》附录 1-C "急性毒性分级标准" 鉴定为剧毒的物质，有毒化学物质是根据 "急性毒性分级标准" 鉴定为高毒、中等毒或低毒的化学物质。

第二部分全部为重点环境管理危险化学品，共 72 种。

2. 关于临界量

*代表该种物质临界量确定参考了 GB 18218—2009。**代表该种物质临界量确定参考了欧盟《塞维索指令》。

3. 本清单中的化学物质将根据需要适时调整。

附录 C　企业环境风险防控与应急措施实行标准对照表

评估指标	评 估 依 据	标 准
截流措施	1）各个环境风险单元设防渗漏、防腐蚀、防淋溶、防流失措施，设防初期雨水、泄漏物、受污染的消防水（溢）流入雨水和清净下水系统的导流围挡收集措施（如防火堤、围堰等），且相关措施符合设计规范；且 2）装置围堰与罐区防火堤（围堰）外设排水切换阀，正常情况下通向雨水系统的阀门关闭，通向事故存液池、应急事故水池、清净下水排放缓冲池或污水处理系统的阀门打开；且 3）前述措施日常管理及维护良好，有专人负责阀门切换，保证初期雨水、泄漏物和受污染的消防水排入污水系统。	1）《化工建设项目环境保护设计规范》（GB 50483—2009） 6.2.3 采样、溢流、检修、事故放料以及设备管道放净口排出的料液或机泵废水，应设置收集系统。 《储罐区防火堤设计规范》（GB 50351—2005） 3.2.7 （第二款）当储罐泄漏物有可能污染地下水或附近环境时，堤内地面应采取防渗漏措施。 3.2.8 防火堤内排水设施的设置应符合下列规定： 1 防火堤内应设置集水设施。连接集水设施的雨水排放管道应从防火堤内设计地面以下通出堤外，并应设置安全可靠的截油排水装置。 2 在年降雨量不大于 200 mm 或降雨在 24h 内可渗完，且不存在环境污染的可能时，可不设雨水排除设施。 3.3.7 油罐组内应设置集水设施，并设置可控制开闭的排水设施。 《石油化工企业设计防火规范》（GB 50160—2008） 5.2.2.8 凡在开停工、检修过程中，可能有可燃液体泄漏、漫流的设备区周围应设置不低于 150 mm 的围堰和导液设施。 6.2.1.7 （第 5 款）在防火堤内雨水沟穿堤处应采取防止可燃液体流出堤外的措施（可以采用安装有切断阀的排水井，也可采用排水阻油器等）。 2）《事故状态下水体污染的预防与控制技术要求》（Q/SY 1190—2013） 5.3.1 装置围堰 5.3.1.1 凡在开停工、检修、生产过程中，可能发生含有对水环境有污染的物料、碳四及以上液化烃泄漏、漫流的装置单元区周围，应设置高度不低于 150 mm 的围堰及配套排水设施。 5.3.1.2 应根据围堰内可能泄漏液体的特性，在围堰内设置集水沟槽、排水口或者在围堰边上设置排水闸板等作为配套排水设施。宜在集水沟槽、排水口下游设置水封井。

评估 指标	评 估 依 据	标　准
截流 措施	1）各个环境风险单元设防渗漏、防腐蚀、防淋溶、防流失措施，设防初期雨水、泄漏物、受污染的消防水（溢）流入雨水和清净下水系统的导流围挡收集措施（如防火堤、围堰等），且相关措施符合设计规范；且 2）装置围堰与罐区防火堤（围堰）外设排水切换阀，正常情况下通向雨水系统的阀门关闭，通向事故存液池、应急事故水池、清净下水排放缓冲池或污水处理系统的阀门打开；且 3）前述措施日常管理及维护良好，有专人负责，阀门切换，保证初期雨水、泄漏物和受污染的消防水排入污水系统。	5.3.2　罐组防火堤 罐组防火堤、隔堤应符合 GB 50160 中对防火堤、隔堤规定及以下要求： a）应结合当地水文地质条件及储存物料特性，按审批要求或相关规范采取防渗措施，并宜坡向四周，可设置排水沟槽。必要时排水口下游应设置水封井。 b）罐区排水设施实施清污分流的，防火堤外应设置切换阀门，正常情况下雨排水系统阀门关闭。 c）物料罐区污染排水切换到污水系统，必要时在污水排放系统前设隔油池并设清油设施；液化烃、可挥发性液体类罐区污染排水就地预处理、回收后，排入污水系统。雨排水切换到雨排水系统。切换阀门宜在地面操作。 7.1.2　油品装卸台的污染雨水应排入生产污水管线。 7.1.3　生产污水管线系统应保证不发生向地下或其他管道系统泄漏。 7.1.6　罐区防火堤内的污水管道引出防火堤时，应在堤外采取防止油品流出罐组的切断设施。 7.2　雨排水管道 7.2.1　装置区、罐区未受污染雨水由切换阀门切换到雨排水系统。 7.2.2　工厂所有生产污水、循环水排污水、机泵冷却水、直接冷却水、检修冲洗水等不得排入雨排水系统。 7.2.3　厂区雨排水应设置管道系统有组织排入外部水体，事故状态下由切换阀门切到事故缓冲设施。必要时在切换阀门前的检查井还应设置沉泥槽。 7.2.4　雨排水管道与生产污水管道、生活污水管道要确保不发生串漏。 3）《事故状态下水体污染的预防与控制技术要求》（Q/SY 1190—2013） 7.7.4　管线上的事故切换阀宜在地面操作，应设远程控制、手动双用阀闸，并应保证事故状态下可操作。

评估指标	评 估 依 据	标 准
事故排水收集措施	1）按相关设计规范设置应急事故水池、事故存液池或清净下水排放缓冲池等事故排水收集设施，并根据下游环境风险受体敏感程度和易发生极端天气情况，设置事故排水收集设施的容量；且 2）事故存液池、应急事故水池、清净下水排放缓冲池等事故排水收集设施位置合理，能自流式或确保事故状态下顺利收集泄漏物和消防水，日常保持足够的事故排水缓冲容量；且 3）设抽水设施，并与污水管线连接，能将所收集物送至厂区内污水处理设施处理。	1）《石油化工污水处理设计规范》（GB 50747—2012） 3.1.1 设计水量应包括生产污水量、生活污水量、污染雨水量和未预见污水量。各种污水量应按下列规定确定： 1 生产污水量应按各装置（单元）连续小时排水量与间断小时排水量综合确定； 2 生活污水量应按现行国家标准《室外排水设计规范》GB 500014 的有关规定执行； 3 污染雨水储存设施的容积宜按污染区面积与降雨深度的乘积计算，可按下式计算：$V=Fh/1\,000$ 式中：V——污染雨水储存容积（m^3）；h——降雨深度，宜取 15～30 mm（对全国十几个城市的暴雨强度分析，经 5 min 初期雨水的冲洗，受污染的区域基本都已冲洗干净。5 min 降雨深度大都在 15～30 mm）；F——污染区面积（m^2）。 4 污染雨水量应按一次降雨污染雨水储存容积和污染雨水折算成连续流量的时间计算确定，可按下式计算：$Q_r=V/t$ 式中：Q_r——污染雨水量（m^3/h）；t——污染雨水折算成连续流量的时间（h），可按 48～96h 选取。 5 未预见污水量应按各工艺装置（单元）连续小时排水量的 10%～20%选取（包括事故跑水、渗漏水）。 《化工建设项目环境保护设计规范》（GB 50483—2009） 6.1.8 /6.6.1 化工建设项目应设置应急事故水池。 6.6.2 对排入应急事故水池的废水应进行必要的监测，并应采取下列处置措施： 1 能够回用的应回用； 2 对不符合回用要求，但符合排放标准的废水，可直接排放； 3 对不符合排放标准，但符合污水处理站进水要求的废水，应限流进入污水处理站进行处理； 4 对不符合污水处理站进水要求的废水，应采取处理措施或外送处理。 6.6.3 应急事故水池容量应根据发生事故的设备容量、事故时消防用水量及可能进入应急事故水池的降水量等因素综合确定（应急事故水池容量=应急事故废水最大计算量-装置或罐区围堤内净空容量-事故废水管道容量。应急事故水池容量应根据发生事故的设备容量、事故时消防用水量及可能进入应急事故水池的降水量等因素综合确定。应急事故废水的最大量的计算为： 1 最大一个容量的设备或贮罐物料量；

评估指标	评估依据	标准
事故排水收集措施	1）按相关设计规范设置应急事故水池、事故存液池或清净下水排放缓冲池等事故排水收集设施，并根据下游环境风险受体敏感程度和易发生极端天气情况，设置事故排水收集设施的容量；且 2）事故存液池、应急事故水池、清净下水排放缓冲池等事故排水收集设施位置合理，能自流式或确保事故状态下顺利收集泄漏物和消防水，日常保持足够的事故排水缓冲容量；且 3）设抽水设施，并与污水管线连接，能将所收集物送至厂区内污水处理设施处理。	2 在装置区或贮罐区一旦发生火灾爆炸时的消防用水量，包括扑灭火灾所需用水量和保护邻近设备或贮罐（最少 3 个）的喷淋水量； 3 当地的最大降雨量。 计算应急事故废水量时，装置区或贮罐区事故不作同时发生考虑，取其中的最大值）。 6.6.4 应急事故水池宜采取地下式（地下式水池有利于收集各类事故排水，以防止应急用水到处漫流）。 《石油化工企业设计防火规范》（GB 50160—2008） 6.2.1 2 防火堤及隔堤内的有效容积应符合下列规定： 1 防火堤内的有效容积不应小于罐组内 1 个最大储罐的容积，当浮顶、内浮顶罐组不能满足此要求时，应设置事故存液池储存剩余部分，但罐组防火堤内的有效容积不应小于罐组内 1 个最大储罐容积的一半（事故存液池正常情况下是空的，而石油化工企业的事故仅考虑一处，所以全厂的浮顶罐、内浮顶罐组可共用一个事故存液池）； 2 隔堤内有效容积不应小于隔堤内 1 个最大储罐容积的10%。 《事故状态下水体污染的预防与控制技术要求》（Q/SY 1190—2013） 5.4.2 中间事故缓冲设施 5.4.2.1 中间事故缓冲设施容积按附录 B 确定，其中设计消防历时按 6～8h 计算。 5.4.2.2 中间事故缓冲设施应根据实际情况采取防渗、防腐、防冻、防洪、抗浮、抗震等措施。 5.4.2.3 中间事故缓冲设施应设抽水设施（电气按防爆标准选用），并与污水管线连接，按系统排送能力选用适当流量的抽水设施。当污染物是液化烃、挥发性有毒液体时，须经处置达到允许标准后才能排入污水系统。 5.4.2.4 中间事故缓冲设施应预留检修孔和爬梯；宜设浮动式分离收集器、液位检测仪、集液区，方便对分层污染物的处理和物料回收。 5.4.2.5 中间事故缓冲设施火灾危险类别按丙类进行平面布置；在事故状态下按甲类进行运行管理。 5.4.2.6 中间事故缓冲设施宜加盖，盖上根据可能进入物料的特性设不同高度排气筒。 5.5 三级预防与控制体系

评估 指标	评 估 依 据	标　　准
事故 排水 收集 措施	1）按相关设计规范设置应急事故水池、事故存液池或清净下水排放缓冲池等事故排水收集设施，并根据下游环境风险受体敏感程度和易发生极端天气情况，设置事故排水收集设施的容量；且 2）事故存液池、应急事故水池、清净下水排放缓冲池等事故排水收集设施位置合理，能自流式或确保事故状态下顺利收集泄漏物和消防水，日常保持足够的事故排水缓冲容量；且 3）设抽水设施，并与污水管线连接，能将所收集物送至厂区内污水处理设施处理。	5.5.1 发生重大生产事故，一、二级预防与控制体系无法控制事故液时，排入末端事故缓冲设施。 5.5.2 末端事故缓冲设施容积按附录 B 确定，其中设计消防历时按 6～8 h 计算。水环境敏感程度较高及以上，末端事故缓冲设施容积应适当放大，设计消防历时按 8～12 h 计算。企业根据自身情况考虑极端天气取值不受此标准限制，可适当放大。 5.5.3 若设置了中间事故缓冲设施，末端事故缓冲设施正常状态下可作为其他污水处理设施的补充处理手段使用，设施内附件按论证确定的技术要求执行，但要配置配套设施，确保事故状态下事故液能顺利排入，同时不影响其他污水处理设施的正常运行。 5.5.4 末端事故缓冲设施的其他技术要求与 5.4.2 相同。 2）《石油化工企业设计防火规范》（GB 50160—2008） 6.2.18 事故存液池的设置应符合下列规定： 1 设有事故存液池的罐组应设导液管（沟），使溢漏液体能顺利流出罐组并自流入存液池内； 2 事故存液池距防火堤的距离不应小于 7 m； 3 事故存液池和导液沟距明火地点不应小于 30 m； 4 事故存液池应有排水设施。 3）《石油化工污水处理设计规范》（GB 50747—2012） 9 事故排水处理 9.0.1 事故排水中的物料应回收。 9.0.2 事故排水宜送污水处理场处理，当不能进入污水处理厂时，应妥善处置。 9.0.3 能进行生物处理的事故排水，应限流进入污水生物处理系统。 9.0.4 事故排水的监测项目应根据物料种类确定。 9.0.5 处理事故排水时，应根据物料挥发性、毒性等采取安全防护措施。 《石油化工企业设计防火规范》（GB 50160—2008） 7.3.1 含可燃液体的污水及被严重污染的雨水应排入生产污水管道，但可燃气体的凝结液和下列水不得直接排入生产污水管道： 1 与排水点管道中的污水混合后，温度超过 40℃ 的水； 2 混合时产生化学反应能引起火灾或爆炸的污水。

评估指标	评 估 依 据	标 准
清净下水系统防控措施	1）不涉及清净下水；或 2）厂区内清净下水均进入废水处理系统；或清污分流，且清净下水系统具有下述所有措施： ①具有收集受污染的清净下水、初期雨水和消防水功能的清净下水排放缓冲池（或雨水收集池），池内日常保持足够的事故排水缓冲容量；池内设有提升设施，能将所集物送至厂区内污水处理设施处理；且 ②具有清净下水系统（或排入雨水系统）的总排口监视及关闭设施，有专人负责在紧急情况下关闭清净下水总排口，防止受污染的雨水、清净下水、消防水和泄漏物进入外环境。	2）《石油化工污水处理设计规范》（GB 50747—2012） 3.3.2 污水处理系统划分应遵循清污分流、污污分治的原则。 《化工建设项目环境保护设计规范》（GB 50483—2009） 6.2.4 所有生产装置、作业场所的墙壁、地面等的冲洗水以及受污染的雨水，均应汇集入生产废水系统并进行处理。 6.2.5 未受污染的雨水、地面冲洗水等，宜排入雨水系统。 《石油化工企业给水排水系统设计规范》（SH 3015—2003） 4.2.2 工厂内未受污染的雨水、锅炉排污水、脱盐水站的酸碱中和水、清水池的放空和溢流应排入雨水或清净废水系统。 4.2.3 循环冷却水系统的排污直接排入清净废水系统。当确定有污染时，应排入生产污水系统。 4.2.4 生产装置区、罐区、装卸油区内污染的雨水应排入生产污水系统或独立的处理系统。
雨水系统防控措施	厂区内雨水均进入废水处理系统；或雨污分流，且雨排水系统具有下述所有措施： ①具有收集初期雨水的收集池或雨水监控池；池出水管上设置切断阀，正常情况下阀门关闭，防止受污染的水外排；池内设有提升设施，能将所集物送至厂区内污水处理设施处理；且 ②具有雨水系统外排总排口（含泄洪渠）监视及关闭设施，有专人负	①②《事故状态下水体污染的预防与控制技术要求》（Q/SY1190—2013） 5.4 二级预防与控制体系 5.4.1 控制要求 5.4.1.1 无法利用装置围堰、罐组防火堤控制事故液时，应关闭雨水系统的出口阀门、拦污坝上闸板，切断防漫流设施与外界的通道，将事故液排入中间事故缓冲设施。 5.4.1.2 如果未设置中间事故缓冲设施，直接排入末端事故缓冲设施。 ③《石油化工企业设计防火规范》（GB 50160—2008） 4.1.7 当区域排洪沟通过厂区时： 1 不宜通过生产区。 2 应采取防止泄漏的可燃液体和受污染的消防水流入区域排洪沟的措施。 4.2.4 液化烃罐组或可燃液体罐组不宜紧靠排洪沟布置。

评估指标	评　估　依　据	标　准
	责在紧急情况下关闭雨水排口（含与清净下水共用一套排水系统情况），防止雨水、消防水和泄漏物进入外环境； ③如果有排洪沟，排洪沟不通过生产区和罐区，具有防止泄漏物和受污染的消防水流入区域排洪沟的措施。	
生产废水系统防控措施	1）无生产废水产生或外排；或 2）有废水产生或外排时： ①受污染的循环冷却水、雨水、消防水等排入生产污水系统或独立处理系统；且 ②生产废水排放前设监控池，能够将不合格废水送废水处理设施重新处理；且 ③如企业受污染的清净下水或雨水进入废水处理系统处理，则废水处理系统应设置事故水缓冲设施； ④具有生产废水总排口监视及关闭设施，有专人负责启闭，确保泄漏物、受污染的消防水、不合格废水不排出厂外。	2）①《事故状态下水体污染的预防与控制技术要求》（Q/SY 1190—2013） 7.1 排污管道 7.1.1 含对水环境有污染的物料、污水和被污染雨水、事故消防排水，应排入生产污水管线。但可燃气体的凝结液、与排水点管道中的污水混合后，温度超过40℃、混合时发生化学反应的污水不得直接排入生产污水管线。含强挥发性有毒物质污水须处理后方可排入污水管线。罐组洗罐排水应单独处理，不应直接排入生产污水管线。 7.1.2 油品装卸站台的污染雨水应排入生产污水管线。 7.1.3 生产污水管线系统应保证不发生向地下或其他管道系统泄漏。 《石油化工企业设计防火规范》（GB 50160—2008） 5.2.2 7 装置内地坪竖向和排污系统的设计应减少可能泄漏的可燃液体在工艺设备附近的滞留时间和扩散范围。火灾事故状态下，受污染的消防水应有效收集和排放。 ②《石油化工污水处理设计规范》（GB 50747—2012） 5.1 2.1 污水处理场出水应设置监控池，当有稳定塘时可不设置监控池。 5.1 2.2 监控池的容积宜按1～2h的设计水量确定（防止不合格污水外排，在2h内可采取必要的应急处理措施）。 5.1 2.3 监控池应设置不合格污水返回再处理的设施。 12.0.8 污水总进口、监控池宜根据水质特征设置相应的在线分析仪表。 ③《石油化工污水处理设计规范》（GB 50747—2012） 5.2.1 污水处理厂应设置调节设施、均质设施及独立的应急储存设施。

评估 指标	评 估 依 据	标 准
		5.2.3 污水处理厂应急储存设施的容积，炼油污染水可按 8～12h 的设计水量确定，化工污水可按实际需要确定（按处理事故时间计）。 ④《石油化工企业设计防火规范》（GB 50160—2008） 4.1.5 石油化工企业应采取防止泄漏的可燃液体和受污染的消防水排出厂外的措施。（如设置路堤道路、事故存液池、受污染的消防水池/罐、雨水监控池、排水总出口设置切断闸等设施，确保泄漏的可燃液体和受污染的消防水不直接排至厂外。） 7.3.1 0 接纳消防废水的排水系统应按最大消防水量校核排水系统能力，并应设有防止受污染的消防水排出厂外的措施。（应急措施和手段可根据现场具体情况采用事故池、排水监控池、利用现有的与外界隔开的池塘、河渠等进行排水监控、在排水管总出口处安装切断阀等方法来确保泄漏的物料或被污染的排水不会直接排出厂外。）
毒性气体泄漏紧急处置装置	1）不涉及有毒有害气体的；或 2）根据实际情况，具有针对有毒有害气体（如硫化氢、氰化氢、氯化氢、光气、氯气、氨气、苯等）的泄漏紧急处置措施。	
毒性气体泄漏监控预警措施	1）不涉及有毒有害气体的；或 2）根据实际情况，具有针对有毒有害气体（如硫化氢、氰化氢、氯化氢、光气、氯气、氨气、苯等）设置生产区域或厂界泄漏监控预警系统。	

附录 D　企业突发环境事件风险评估报告编制大纲

1 前言

2 总则

2.1 编制原则

2.2 编制依据

包括政策法规、技术指南、标准规范、其他文件。

3 资料准备与环境风险识别

3.1 企业基本信息

3.2 企业周边环境风险受体情况

3.3 涉及环境风险物质情况

3.4 生产工艺

3.5 安全生产管理

3.6 现有环境风险防控与应急措施情况

3.7 现有应急物资与装备、救援队伍情况

4 突发环境事件及其后果分析

4.1 突发环境事件情景分析

4.2 突发环境事件情景源强分析

4.3 释放环境风险物质的扩散途径、涉及环境风险防控与应急措施、应急资源情况分析

4.4 突发环境事件危害后果分析

5 现有环境风险防控和应急措施差距分析

6 完善环境风险防控和应急措施的实施计划

7 企业突发环境事件风险等级

8 附图

企业地理位置图、厂区平面布置图、周边环境风险受体分布图，企业雨水、清净下水收集、排放管网图、污水收集、排放管网图以及所有排水最终去向图。

《企业突发环境事件风险评估指南
（试行）》解读

近日，环境保护部印发了《企业突发环境事件风险评估指南（试行）》（以下简称《评估指南》），标志着环境保护部将全面推进企业突发环境事件风险评估，推动企业落实环境安全主体责任，提高企业环境应急预案编制水平。

《评估指南》规定了企业突发环境事件风险评估的内容、程序及一般要求，配套 4 个附录分别是附录 A《企业突发环境事件风险等级划分方法》（以下简称《等级划分方法》）、附录 B《突发环境事件风险物质及临界量清单》（以下简称《清单》）、附录 C《企业环境风险防控与应急措施实行标准对照表》（以下简称《标准对照表》）及附录 D《企业突发环境事件风险评估报告编制大纲》（以下简称《报告编制大纲》）。

一、出台《评估指南》的背景

当前我国已进入突发环境事件高发期和矛盾凸显期，环境问题已成为威胁群众健康、公共安全和社会稳定的重要因素。党中央、国务院高度重视环境风险防范与管理，2011 年 10 月发布的《国务院关于加强环境保护重点工作的意见》和同年 12 月印发的《国家环境保护"十二五"规划》，均明确提出了"完善以预防为主的环境风险管理制度，严格落实企业环境安全主体责任，制定环境风险评估规范"等要求。2013 年 10 月，国务院办公厅印发《突发事件应急预案管理办法》，规定"编制应急预案应当在开展风险评估和应急资源调查的基础上进行"，强调了开展风险评估对应急预案编制的重要基础性作用。

为摸清全国环境风险底数，说清环境风险状况，2010 年环境保护部组织对全国石油加工、炼焦业，化学原料及化学制品制造业和医药制造业 3 大类行业的 4 万余家企业开展环境风险及化学品检查。检查发现，4 万余家企业涉及化学物质 4 万余种，各类环境风险单元 10 万余个，约 32% 的企业未编制环境应急预案，已编制的企业预案中普遍存在针对性、实用性和可操作性较差的问题。究其原因，主要是企业对自身和周边环境风险以及第一时间可调用的应急资源未掌握，对可能发生的突发环境事件不清楚，预案中多为组织、机构、制度的描述和危险化学品危害分析，缺少现场应急处置方案。

针对检查中发现的问题，环境保护部系统总结突发环境事件案例以及国内外工业事故风险评估与管理法律法规、技术指南，提出了企业环境风险等级评估方法，对检查的 4 万余家企业进行了初步评估，并将评估结果通报各省（区、市）人民政府，从一定程度上推进了企业环境风险管理。浙江、江苏等地纷纷出台类似评估方法加强企业环境风险管理和预案管理工作。

为进一步落实国务院有关加强风险评估的要求，环境保护部在原有环境风险等级评估方法的基础上，多次征求地方环保部门、部分央企的意见，编制形成了既有事故情景分析又有风险等级划分、既有问题分析又有完善要求的《评估指南》。

二、出台《评估指南》的目的

（一）提高企业环境应急预案编制水平

《评估指南》通过指导企业开展环境风险识别、应急资源调查、各种可能发生的突发环境事件及其后果情景分析、现有环境风险防控与应急措施差距分析以及完善环境风险防控与应急措施实施计划的制订等一系列工作，使企业系统评估自身环境风险状况，根据可调用的应急资源，落实可行的环境风险防控和应急措施。企业在编制环境应急预案时，可针对各种突发环境事件情景制定措施得当、程序明确、责任落实的现场应急处置方案，使预案回归本质。

（二）提高企业环境风险防控和隐患排查治理水平

《评估指南》指导企业从环境风险管理制度、环境风险防控与应急措施、环境应急资源、历史经验教训等方面，对现有环境风险防控与应急措施的完备性、可行性和有效性进行分析，排查隐患、找出差距，根据其危害性、紧迫性和治理时间，制定短期、中期和长期的完善计划并逐项落实整改。企业按照上述方法持续排查治理各类环境安全隐患，不仅可以提高环境风险防控和应急响应水平，还能动态完善应急预案，从而降低突发环境事件的发生概率，减轻其危害程度。

（三）提升地方政府和环保部门环境应急管理水平

企业按照《评估指南》开展环境风险评估并将评估报告作为环境应急预案的附件向当地环保部门备案。地方政府和环保部门通过评估报告掌握辖区内企业环境风险等级、风险状况及应急资源情况，一方面可以将其作为区域环境应急预案编制的重要基础，提高预案的针对性和可操作性；另一方面还可根据环境风险等级对企业实施差别化管理，在管理资源有限的情况下，优先关注重大环境风险企业。

三、《评估指南》的适用范围

《评估指南》适用于已建成投产或处于试生产阶段的企业。附录 B《清单》给出了 310 种（类）环境风险物质，生产、使用、存储或释放《清单》所列物质的企业应当开展环境风险评估。

《评估指南》不适用于尾矿库、危险废物经营单位及海上石油天然气开采设施等 9 种情况，这 9 种情况需要制订专门的评估方法、实行专门管理或不属于环保部门监管职责等。

四、环境风险评估的程序

环境风险评估报告由企业自行编制或委托相关专业技术服务机构编制。环境风险评估分为五步实施：

第一步，资料准备与环境风险识别，是对企业涉及环境风险物质及其数量、环境风险单元及现有环境风险防控与应急措施、周边环境风险受体、现有应急资源等环境风险要素的全面梳理，是风险评估的基础。

第二步，可能发生的突发环境事件及其后果情景的分析，是将前一步识别的潜在风险，与所有可能的突发环境事件情景及后果联系起来。这是风险评估的核心，也是解决预案针对性和实用性的关键。

第三步，结合风险因素和可能的事件，分析现有环境风险防控与环境应急措施。这是风险评估的重要环节，也是企业排查环境安全隐患、提高预案可操作性的前提。

第四步，针对上述问题，制定完善环境风险防控和应急措施的实施计划，是风险评估的主要目的，也是提高企业环境风险防控及应急响应水平、降低突发环境事件发生概率与危害程度的实现途径。

第五步，划定企业环境风险等级，可用于完善区域环境应急预案及对企业实行差别化管理，也可用于企业的横向对比，提高其重视程度。上述五步相互关联，紧密衔接，缺一不可。

最后，企业的环境风险评估报告可按照《评估指南》附录 D《报告编制大纲》的要求编写。

五、几个重点问题的说明

（一）关于突发环境事件及其后果情景分析

突发环境事件及其后果情景分析是《评估指南》的突出特色。企业应在资料准备及风险识别的基础上，查阅分析国内外同类企业突发环境事件资料，设置本企业所有可能发生的突发环境事件情景。通过归纳突发环境事件历史案例，《评估指南》列出了生产安全事故、环境风险防控设施失灵或非正常操作、非正常工况、污染治理设施非正常运行、违法排污、停电断水停气、通讯及运输系统故障以及自然灾害与极端天气等 8 种可能引发突发环境事件的情景。企业可结合自身现状参考细化或补充完善。在确定可能发生的突发环境事件情景后，企业可依据已经出台的标准，选择适当的方法和模型对每种情景下的环境风险物质释放源强、释放途径以及可能的直接、次生和衍生后果进行分析。

（二）关于企业环境风险等级划分

《等级划分方法》是《评估指南》的重要组成部分。《评估指南》提出了重大、较大和一般三级的风险等级划分方法。风险等级高低主要取决于三个要素：一是企业涉及的环境风险物质的种类及其数量（Q）。企业涉及的所有环境风险物质在厂界内的最大存在总量与其临界量比值之和，能较好地表征企业环境风险物质数量固有风险。二是企业生产工艺过程与风险控制技术水平（M）。分析总结历史突发环境事件发生、发展规律，提出生产工艺过程、安全控制、水和大气风险防范措施、环评及批复的其他环境风险防控措施落实情况、废水排放去向等 6 个方面指标，全面反映企业生产工艺过程与环境风险控制水平。三是企业周边环境风险受体的敏感性（E）。根据《建设项目环境影响评价分类管理名录》《大气污染防治法》等相关法规和标准的规定，将企业周边环境风险受体分为大气、水和土壤环境风险受体。综合考虑环境风险受体的规模、生态价值和社会价值及与企业的距离，将环境风险受体划分为 3 种类型。通过风险矩阵确定企业环境风险等级，以突出 Q、M、E 这三大要素对风险等级的决定作用。

（三）关于《清单》中的环境风险物质

《清单》是《等级划分方法》的基础。《清单》中 310 种（类）物质主要来源于有突发环境事件记录的物质以及《重点环境管理危险化学品目录》。物质临界量的确定遵循危害等值原则，参考了美国《清洁空气法案》中风险管理计划（RMP）、欧盟塞维索指令以及我国《危险化学品重大危险源辨识》（GB 18218—2009）等国内外法规、标准。《清单》编号 228 至 238，每个编号均规定了一类物质，例如编号 236 "有毒化学物质" 就是对所有的有毒化学物质及其临界量进行兜底性规定。地方各省级环保部门可参照该《清单》制定本省的环境风险物质及临界量清单，将未列入《清单》但引发或可能引发突发环境事件的化学物质补充到清单中，环境保护部也将根据应用情况适时对《清单》进行调整。

（四）关于《标准对照表》

《标准对照表》总结了现行的环境风险防控国家标准、行业标准及大型石化集团的企业标准，供开展环境风险评估和环境安全隐患排查治理参考。

（五）与现行其他风险评估方法的主要区别

《评估指南》主要用于企业突发环境事件风险的评估，是企业编制环境应急预案的基础。《重点环境管理危险化学品环境风险评估报告编制指南（试行）》主要用于对列入《重点环境管理危险化学品目录》的化学品长期、累积和持久性危害及不利影响的评估，侧重于为危化品环境管理登记服务。《建设项目环境风险评价技术导则》主要用于部分重点行业新、改、扩建建设项目的环境风险评估。硫酸、氯碱以及粗铅行业的《环境风险评估技术指南》主要用于企业环境污染责任保险工作。

关于印发《企业事业单位突发环境事件应急预案备案管理办法（试行）》的通知

环发[2015]4 号

各省、自治区、直辖市环境保护厅（局），新疆生产建设兵团环境保护局：

为贯彻落实《环境保护法》，加强对企业事业单位突发环境事件应急预案的备案管理，夯实政府和部门环境应急预案编制基础，根据《环境保护法》《突发事件应对法》等法律法规以及国务院办公厅印发的《突发事件应急预案管理办法》等文件，我部组织编制了《企业事业单位突发环境事件应急预案备案管理办法（试行）》（以下简称《办法》），现印发给你们。

请按照《办法》要求加强管理，指导和督促企业事业单位履行责任义务，制定和备案环境应急预案。《办法》实施前已经备案的环境应急预案，修订时执行本《办法》。

附件：企业事业单位突发环境事件应急预案备案管理办法（试行）

环境保护部

2015 年 1 月 8 日

附件：

企业事业单位突发环境事件应急预案备案
管理办法（试行）

第一章　总　则

第一条　为加强对企业事业单位（以下简称企业）突发环境事件应急预案（以下简称环境应急预案）的备案管理，夯实政府和部门环境应急预案编制基础，根据《环境保护法》《突发事件应对法》等法律法规以及国务院办公厅印发的《突发事件应急预案管理办法》等文件，制定本办法。

第二条　本办法所称环境应急预案，是指企业为了在应对各类事故、自然灾害时，采取紧急措施，避免或最大程度减少污染物或其他有毒有害物质进入厂界外大气、水体、土壤等环境介质，而预先制定的工作方案。

第三条　环境保护主管部门对以下企业环境应急预案备案的指导和管理，适用本办法：

（一）可能发生突发环境事件的污染物排放企业，包括污水、生活垃圾集中处理设施的运营企业；

（二）生产、储存、运输、使用危险化学品的企业；

（三）产生、收集、贮存、运输、利用、处置危险废物的企业；

（四）尾矿库企业，包括湿式堆存工业废渣库、电厂灰渣库企业；

（五）其他应当纳入适用范围的企业。

核与辐射环境应急预案的备案不适用本办法。

省级环境保护主管部门可以根据实际情况，发布应当依法进行环境应急预案备案的企业名录。

第四条　鼓励其他企业制定单独的环境应急预案，或在突发事件应急预案中制定环境应急预案专章，并备案。

鼓励可能造成突发环境事件的工程建设、影视拍摄和文化体育等群众性集会活动主办企业，制定单独的环境应急预案，或在突发事件应急预案中制定环境应急预案专章，并备案。

第五条　环境应急预案备案管理，应当遵循规范准备、属地为主、统一备案、分级管理的原则。

第六条　县级以上地方环境保护主管部门可以参照有关突发环境事件风险评估标准或指导性技术文件，结合实际指导企业确定其突发环境事件风险等级。

第七条　受理备案的环境保护主管部门（以下简称受理部门）应当及时将备案的企业名单向社会公布。

企业应当主动公开与周边可能受影响的居民、单位、区域环境等密切相关的环境应急预案信息。

国家规定需要保密的情形除外。

第二章　备案的准备

第八条　企业是制定环境应急预案的责任主体，根据应对突发环境事件的需要，开展环境应急预案制定工作，对环境应急预案内容的真实性和可操作性负责。

企业可以自行编制环境应急预案，也可以委托相关专业技术服务机构编制环境应急预案。委托相关专业技术服务机构编制的，企业指定有关人员全程参与。

第九条　环境应急预案体现自救互救、信息报告和先期处置特点，侧重明确现场组织指挥机制、应急队伍分工、信息报告、监测预警、不同情景下的应对流程和措施、应急资源保障等内容。

经过评估确定为较大以上环境风险的企业，可以结合经营性质、规模、组织体系和环境风险状况、应急资源状况，按照环境应急综合预案、专项预案和现场处置预案的模式建立环境应急预案体系。环境应急综合预案体现战略性，环境应急专项预案体现战术性，环境应急现场处置预案体现操作性。

跨县级以上行政区域的企业，编制分县域或者分管理单元的环境应急预案。

第十条　企业按照以下步骤制定环境应急预案：

（一）成立环境应急预案编制组，明确编制组组长和成员组成、工作任务、编制计划和经费预算。

（二）开展环境风险评估和应急资源调查。环境风险评估包括但不限于：分析各类事故衍化规律、自然灾害影响程度，识别环境危害因素，分析与周边可能受影响的居民、单位、区域环境的关系，构建突发环境事件及其后果情景，确定环境风险等级。应急资源调查包括但不限于：调查企业第一时间可调用的环境应急队伍、装备、物资、场所等应急资源状况和可请求援助或协议援助的应急资源状况。

（三）编制环境应急预案。按照本办法第九条要求，合理选择类别，确定内容，重点说明可能的突发环境事件情景下需要采取的处置措施、向可能受影响的居民和单位通报的内容与方式、向环境保护主管部门和有关部门报告的内容与方式，以及与政府预案的衔接方式，形成环境应急预案。编制过程中，应征求员工和可能受影响的居民和单位代表的意见。

（四）评审和演练环境应急预案。企业组织专家和可能受影响的居民、单位代表对环境应急预案进行评审，开展演练进行检验。

评审专家一般应包括环境应急预案涉及的相关政府管理部门人员、相关行业协会代表、具有相关领域经验的人员等。

（五）签署发布环境应急预案。环境应急预案经企业有关会议审议，由企业主要负责人签署发布。

第十一条　企业根据有关要求，结合实际情况，开展环境应急预案的培训、宣传和必要的应急演练，发生或者可能发生突发环境事件时及时启动环境应急预案。

第十二条　企业结合环境应急预案实施情况，至少每三年对环境应急预案进行一次回顾性评估。有下列情形之一的，及时修订：

（一）面临的环境风险发生重大变化，需要重新进行环境风险评估的；

（二）应急管理组织指挥体系与职责发生重大变化的；

（三）环境应急监测预警及报告机制、应对流程和措施、应急保障措施发生重大变化的；

（四）重要应急资源发生重大变化的；

（五）在突发事件实际应对和应急演练中发现问题，需要对环境应急预案作出重大调整的；

（六）其他需要修订的情况。

对环境应急预案进行重大修订的，修订工作参照环境应急预案制定步骤进行。对环境应急预案个别内容进行调整的，修订工作可适当简化。

第三章　备案的实施

第十三条　受理部门应当将环境应急预案备案的依据、程序、期限以及需要提供的文件目录、备案文件范例等在其办公场所或网站公示。

第十四条　企业环境应急预案应当在环境应急预案签署发布之日起 20 个工作日内，向企业所在地县级环境保护主管部门备案。县级环境保护主管部门应当在备案之日起 5 个工作日内将较大和重大环境风险企业的环境应急预案备案文件，报送市级环境保护主管部门，重大的同时报送省级环境保护主管部门。

跨县级以上行政区域的企业环境应急预案，应当向沿线或跨域涉及的县级环境保护主管部门备案。县级环境保护主管部门应当将备案的跨县级以上行政区域企业的环境应急预案备案文件，报送市级环境保护主管部门，跨市级以上行政区域的同时报送省级环境保护主管部门。

省级环境保护主管部门可以根据实际情况，将受理部门统一调整到市级环境保护主管部门。受理部门应及时将企业环境应急预案备案文件报送有关环境保护主管部门。

第十五条　企业环境应急预案首次备案，现场办理时应当提交下列文件：

（一）突发环境事件应急预案备案表；

（二）环境应急预案及编制说明的纸质文件和电子文件，环境应急预案包括：环境应急预案的签署发布文件、环境应急预案文本；编制说明包括：编制过程概述、重点内容说明、征求意见及采纳情况说明、评审情况说明；

（三）环境风险评估报告的纸质文件和电子文件；

（四）环境应急资源调查报告的纸质文件和电子文件；

（五）环境应急预案评审意见的纸质文件和电子文件。

提交备案文件也可以通过信函、电子数据交换等方式进行。通过电子数据交换方式提交的，可以只提交电子文件。

第十六条 受理部门收到企业提交的环境应急预案备案文件后，应当在 5 个工作日内进行核对。文件齐全的，出具加盖行政机关印章的突发环境事件应急预案备案表。

提交的环境应急预案备案文件不齐全的，受理部门应当责令企业补齐相关文件，并按期再次备案。再次备案的期限，由受理部门根据实际情况确定。

受理部门应当一次性告知需要补齐的文件。

第十七条 建设单位制定的环境应急预案或者修订的企业环境应急预案，应当在建设项目投入生产或者使用前，按照本办法第十五条的要求，向建设项目所在地受理部门备案。

受理部门应当在建设项目投入生产或者使用前，将建设项目环境应急预案或者修订的企业环境应急预案备案文件，报送有关环境保护主管部门。

建设单位试生产期间的环境应急预案，应当参照本办法第二章的规定制定和备案。

第十八条 企业环境应急预案有重大修订的，应当在发布之日起 20 个工作日内向原受理部门变更备案。变更备案按照本办法第十五条要求办理。

环境应急预案个别内容进行调整、需要告知环境保护主管部门的，应当在发布之日起 20 个工作日内以文件形式告知原受理部门。

第十九条 环境保护主管部门受理环境应急预案备案，不得收取任何费用，不得加重或者变相加重企业负担。

第四章 备案的监督

第二十条 县级以上地方环境保护主管部门应当及时将备案的环境应急预案汇总、整理、归档，建立环境应急预案数据库，并将其作为制定政府和部门环境应急预案的重要基础。

第二十一条 县级以上环境保护主管部门应当对备案的环境应急预案进行抽查，指导企业持续改进环境应急预案。

县级以上环境保护主管部门抽查企业环境应急预案，可以采取档案检查、实地核查等方式。抽查可以委托专业技术服务机构开展相关工作。

县级以上环境保护主管部门应当及时汇总分析抽查结果，提出环境应急预案问题清单，推荐环境应急预案范例，制定环境应急预案指导性要求，加强备案指导。

第二十二条　企业未按照有关规定制定、备案环境应急预案，或者提供虚假文件备案的，由县级以上环境保护主管部门责令限期改正，并依据国家有关法律法规给予处罚。

第二十三条　县级以上环境保护主管部门在对突发环境事件进行调查处理时，应当把企业环境应急预案的制定、备案、日常管理及实施情况纳入调查处理范围。

第二十四条　受理部门及其工作人员违反本办法，有下列情形之一的，由环境保护主管部门或其上级环境保护主管部门责令改正；情节严重的，依法给予行政处分：

（一）对备案文件齐全的不予备案或者拖延处理的；

（二）对备案文件不齐全的予以接受的；

（三）不按规定一次性告知企业须补齐的全部备案文件的。

第五章　附　则

第二十五条　环境应急预案需要报其他有关部门备案的，按有关部门规定执行。

第二十六条　本办法自印发之日起施行。《突发环境事件应急预案管理暂行办法》（环发[2010]113 号）关于企业预案管理的相关内容同时废止。

附：企业事业单位突发环境事件应急预案备案表

企业事业单位突发环境事件应急预案备案表

单位名称		机构代码	
法定代表人		联系电话	
联系人		联系电话	
传　真		电子邮箱	
地　址	中心经度　　　　　　　　　中心纬度		
预案名称			
风险级别			
本单位于　年　月　日签署发布了突发环境事件应急预案，备案条件具备，备案文件齐全，现报送备案。 本单位承诺，本单位在办理备案中所提供的相关文件及其信息均经本单位确认真实，无虚假，且未隐瞒事实。 　　　　　　　　　　　　　　　　　预案制定单位（公章）			
预案签署人		报送时间	
突发环境 事件应急 预案备案 文件目录	1.突发环境事件应急预案备案表； 2.环境应急预案及编制说明： 环境应急预案（签署发布文件、环境应急预案文本）； 编制说明（编制过程概述、重点内容说明、征求意见及采纳情况说明、评审情况说明）； 3.环境风险评估报告； 4.环境应急资源调查报告； 5.环境应急预案评审意见。		
备案意见	该单位的突发环境事件应急预案备案文件已于　年　月　日收讫，文件齐全，予以备案。 　　　　　　　　　　　　　　　　备案受理部门（公章） 　　　　　　　　　　　　　　　　年　　月　　日		
备案编号			
报送单位			
受理部门 负责人		经办人	

注：备案编号由企业所在地县级行政区划代码、年份、流水号、企业环境风险级别（一般 L、较大 M、重大 H）及跨区域（T）表征字母组成。例如，河北省永年县××重大环境风险非跨区域企业环境应急预案 2015 年备案，是永年县环境保护局当年受理的第 26 个备案，则编号为 130429-2015-026-H；如果是跨区域的企业，则编号为 130429-2015-026-HT。

《企业事业单位突发环境事件应急预案备案
管理办法（试行）》解读

2015 年 1 月 9 日，环境保护部印发了《企业事业单位突发环境事件应急预案备案管理办法（试行）》（环发[2015]4 号）（以下简称《备案管理办法》），自发布之日起施行。《备案管理办法》是一份规范地方环境保护主管部门（以下简称"环保部门"）对企业事业单位（以下简称"企业"）突发环境事件应急预案（以下简称"环境应急预案"）实施备案管理的规范性文件，对企业环境应急预案备案管理的适用范围、基本原则和备案的准备、实施、监督等作出了明确规定。

一、为什么要制定《备案管理办法》

（一）落实新修订《环境保护法》的需要

新修订的《环境保护法》第四十七条第三款，"企业事业单位应当按照国家有关规定制定突发环境事件应急预案，报环境保护主管部门和有关部门备案"，将环境应急预案的制定和备案确定为企业的法定义务。为贯彻落实《环境保护法》，系统细化、规范企业备案行为和环保部门监管行为，需要制定配套的《备案管理办法》。

（二）落实企业主体责任的需要

企业是制定环境应急预案的责任主体，而环境应急预案是"有生命力的文件"，需要企业通过自身努力，不断修订完善，才能确保切合实际、有效有用。但在实践中，一些企业没有开展必要的风险评估和应急资源调查，只是照搬照抄，或者把编制工作完全交给技术服务机构，编完以后又束之高阁，这与落实企业主体责任的要求不符。也有一些地方环保部门为了保证企业环境应急预案的质量，将备案设置为"非许可类审批"，或者赋予其一些行政许可的色彩，实质上是分担了企业的主体责任。还有一些环保部门对企业环境应急预案着力于"准入"的监管，而对已备案的预案指导和使用不够，管理不到位。这些做法也不符合国家"切实防止行政许可事项边减边增、明减暗增，加强和改进事中和事后监管"的行政审批制度改革的精神，需要通过《备案管理办法》予以规范。

（三）环境应急预案管理的实践需要

2010 年，环境保护部印发《突发环境事件应急预案管理暂行办法》（环发[2010]113 号）（以下简称《预案暂行办法》）后，各地针对环境应急预案管理进行了很多有益的探索和实践，初步建立了备案制度。但预案备案管理还存在一些问题。一是备案率不高、进展不平衡，已编制环境应急预案的企业，整体备案率不到 80%，有的地方仅为 38%。二是现场处置预案偏少，可操作性不强。《预案暂行办法》将环境应急预案分为综合预案、专项预案、现场处置预案三类。但只有不到一半的企业编制了现场处置预案，更多企业只有综合预案，内容多是原则性规定。三是属地管理不够、信息收集不全面。《预案暂行办法》将国控污染源设置为省级环保部门备案，是环境应急预案管理开始阶段的"权宜之计"，已难以满足"属地为主"、县级人民政府先期处置的要求。地方在执行时，实行分级备案的占74%。由于没有信息传递要求，一些下级环保部门无法获得企业环境应急预案，不能充分掌握相关信息。四是逐级备案加重了企业负担，26%的地方实行逐级备案，要求企业向多个层级的环保部门备案，不符合中央简政放权的精神。五是分级管理要求差异大。在备案分级管理中，各地存在通过污染物排放量、环评级别、风险级别、跨区域、行业因素、环境敏感程度等进行分级的多种情况，而且有的地方是两级管理，有的地方是三级管理。为解决这些问题，有必要制定《备案管理办法》。

二、制定《备案管理办法》的主要依据有哪些

《备案管理办法》主要依据《环境保护法》《突发事件应对法》，以及《海洋环境保护法》《固体废物污染环境防治法》《水污染防治法》等法律法规，参考了《石油天然气管道保护法》相关规定，以及国务院办公厅《突发事件应急预案管理办法》（国办发[2013]101 号）对企业事业单位应急预案管理的要求。

三、《备案管理办法》主要有哪些内容

《备案管理办法》共五章二十六条，在吸收《预案暂行办法》有关内容、总结近年来工作实践经验的基础上，对五个方面的内容作出了规定。

第一章总则。对备案管理的目的、概念、范围、原则等一般性内容进行了规定。明确了备案管理遵循规范准备、属地为主、统一备案、分级管理的原则，强调根据环境风险大小实行分级管理，企业主动公开相关环境应急预案信息。

第二章备案的准备。基于备案需要，对环境应急预案的制定、实施、修订等准备工作进行了规定。强调企业是制定环境应急预案的责任主体，通过成立编制组、开展评估和调查、编制预案、评审和演练、签署发布等步骤制定环境应急预案，并及时修订预案。

第三章备案的实施。对备案时限、文件、方式、受理部门进行了规定。明确企业在环境应急预案发布后的 20 个工作日内进行备案以及应提交的备案文件。明确县级环保部门作为主要的备案受理部门，以及备案受理部门的审查处理方式。

第四章备案的监督。对备案后环保部门的监管和企业、环保部门责任进行了规定。明确环保部门及时将备案的环境应急预案汇总、整理、归档，并通过抽查等方式，指导企业持续改进。还明确了企业和环保部门违反规定应承担的责任。

第五章附则，与《环境保护法》第四十七条第三款"报环境保护主管部门和有关部门备案"衔接，并说明施行日期。

四、关于几个重点问题的说明

（一）什么是企业环境应急预案

《备案管理办法》第二条指出，环境应急预案是指企业为了在应对各类事故、自然灾害时，采取紧急措施，避免或者最大限度减少污染物或者其他有毒有害物质进入厂界外大气、水体、土壤等环境介质，而预先制订的工作方案。这是首次正式提出企业环境应急预案的概念，以区别于企业生产安全事故等应急预案，便于企业和环保部门的执行和管理。

（二）企业环境应急预案如何定位

企业环境应急预案的重点是现场处置预案，侧重明确现场处置时的工作任务和程序，体现自救互救、信息报告和先期处置的特点。针对是否编制综合预案、专项预案及这些类别的组合方式，《备案管理办法》提出了指导性而非强制性的要求。企业可以根据自身实际自主选择。

建设单位环境应急预案，是针对建设项目投入生产或者使用后可能面临的突发环境事件而制定的预案，不是建设施工期间的预案。试生产期间环境应急预案，是指试生产前编制的包含了针对试生产期间可能面临的突发环境事件而制定的环境应急预案。由于试生产前可能存在环境风险评估、预案编制等难以到位的客观现实，《备案管理办法》规定建设项目试生产期间的环境应急预案"参照"本办法制定和备案；而建设项目试生产与正式生产有差别，建设单位需要根据实际情况，在试生产期间对环境应急预案进行修订，形成适用于正式生产的环境应急预案。

（三）备案的目的是什么

企业环境应急预案备案是不属于行政许可、行政确认的一种行政行为。对于企业而言，备案是为了规范编修、提高质量、履行法定义务。对于环保部门而言，备案是为了收集信息、存档备查、事后管理。

（四）哪些企业需要备案

《备案管理办法》规定了三类企业要进行环境应急预案备案。一是可能发生突发环境事件的污染物排放企业。"可能发生突发环境事件"将产生噪声污染的单位、污染物产生量不大或者危害不大的单位排除，例如餐馆等。由于污水、生活垃圾集中处理设施与一般的排放污染物企业有所区别，在《备案管理办法》中用"污水、生活垃圾集中处理设施的运营企业"予以强调。二是可能非正常排放大量有毒有害物质的企业。结合事件案例，强调了涉及危险化学品、危险废物、尾矿库三类易发、多发突发环境事件的企业。三是其他应当纳入适用范围的企业，这是兜底性条款，给予地方环保部门一定的自主权。为进一步明确适用范围，规定了"省级环境保护主管部门可以根据实际情况，发布应当依法进行环境应急预案备案的企业名录"。

（五）企业如何进行备案准备

《环境保护法》规定，企业应当按照国家有关规定制定突发环境事件应急预案。《备案管理办法》第二章是对该规定的细化，明确企业在开展环境风险评估和应急资源调查的基础上，编制环境应急预案，并经过评审和演练后，签署发布环境应急预案。备案准备期间产生的环境风险评估报告、应急资源调查报告、评审意见等是备案的必要文件。

（六）企业环境应急预案何时需要修订

《备案管理办法》规定，企业至少每三年对环境应急预案进行一次回顾性评估。如果企业面临的环境风险、应急管理组织指挥体系与职责、环境应急措施、重要应急资源发生重大变化或实际应对和演练发现问题，以及其他需要修订的情况，要及时修订环境应急预案，修订程序参照制定程序进行。

目前，大部分企业已经按照《预案暂行办法》，制定了环境应急预案。《备案管理办法》实施后，地方环保部门要指导企业及时开展评估，修订环境应急预案，修订时执行《备案管理办法》。

（七）企业应该向哪里备案

企业环境应急预案备案实行属地管理、统一备案，备案受理部门为县级环保部门。建设单位也需要向建设项目所在地县级环保部门备案。如果建设项目试生产与正式生产情况基本无变化、环境应急预案无须修订、建设单位在试生产前提交的备案文件齐全，可以视为正式生产前已完成备案。

跨县级以上行政区域企业的环境应急预案，可以分县域或者分管理单元编制环境应急预案，向沿线或者跨域涉及的县级环保部门备案。

确定县级环保部门作为备案受理部门，是《突发事件应对法》《石油天然气管道保护法》等法律法规的要求，符合环境应急实际和收集信息的需要，符合"省直管县"的行政管理体制改革方向，有助于环境应急预案由过去的"下级抄上级"、由上到下的编制方式，转变为从企业逐步向上延伸、由下到上的编制方式，有助于夯实政府环境应急预案编制基础，有助于推动基层环保部门应急管理能力的提升，也便于企业执行。

考虑到有的县级环保部门能力不足、难以满足备案需要等客观现实，个别地方具有较成熟的市级备案管理经验，《备案管理办法》还规定"省级环境保护主管部门可以根据实际情况，将备案受理部门统一调整到市级环境保护主管部门"，给予地方环保部门一定的自主权。

（八）企业如何进行备案

企业首次备案时，在签署发布环境应急预案之日起20个工作日内，将环境应急预案备案表、环境应急预案及编制说明、环境风险评估报告、环境应急资源调查报告、环境应急预案评审意见五份文件提交给备案受理部门。企业收到受理部门签章的环境应急预案备案表，即完成了首次备案。

当企业对环境应急预案进行重大修订时，也应当在修订内容发布之日起20个工作日内向原受理部门变更备案。变更备案不需要提交首次备案要求提交的全部备案文件，只需提交修订的文件。个别内容调整的，不需要变更备案，只需要以文件形式告知原受理部门即可。

（九）受理部门如何进行受理

受理部门在收到企业提交的备案文件后，5 个工作日内进行核对。文件齐全的，出具加盖行政机关印章的突发环境事件应急预案备案表。受理部门就完成了对环境应急预案的备案。

受理部门对备案文件的核对，只是形式审查，审查备案文件是否齐全，不对这些文件的内容进行实质审查。

除了在备案受理部门办公场所"当面受理"备案的方式外，结合当前有些地方开展的网上备案实践，为减轻企业负担、适应工作要求，《备案管理办法》对通过信函、电子数据交换等备案方式提出了原则性要求。地方环保部门可以结合实际，开展电子备案、信函备案等相关工作。

（十）备案后环保部门如何进行监督

环保部门对企业备案的监督，主要包括汇总、指导、责任倒查三种方式。汇总、整理、归档并建立数据库，主要是为了收集整理信息，夯实政府预案基础。备案指导是基于提高企业环境应急预案质量对环保部门提出的要求，包括采取档案检查、实地核查等方式个别重点指导，和汇总分析抽查结果进行整体指导，时间节点在备案后。责任倒查是突发环境事件发生后，环保部门将环境应急预案的制定、备案、日常管理及实施情况纳入事件调查处理范围。《备案管理办法》还对备案信息公开进行了规定，要求备案受理部门及时公布备案企业名单，企业主动公开环境应急预案相关信息。

环保部门的监督，按照企业环境风险大小实施分级管理。《备案管理办法》规定，县级环保部门在 5 个工作日内将较大以上环境风险企业的备案文件报送市级环保部门，重大以上报送省级环保部门。省级、市级环保部门根据掌握的备案文件实施重点监管。

针对企业环境风险评估与分级，环境保护部出台了《企业突发环境事件风险评估技术指南（试行）》（环办[2014]34 号），给出了环境风险评估的一般性方法，涵盖了大部分易发、多发突发环境事件的企业。目前，环境保护部还将出台企业突发环境事件环境风险等级划分方法标准，进一步加强企业环境风险分级的技术指导。实践中，一些地方也制定实施了企业环境风险管理方面的文件，对企业事业单位实行风险分级管理。《备案管理办法》也规定，县级以上地方环保部门可以参考有关突发环境事件风险评估标准或指导性技术文件，结合实际指导企业确定环境风险等级。

（十一）企业违反《备案管理办法》需要承担什么责任

为了督促企业规范制定环境应急预案并备案，对于企业不制定、不备案或者提供虚假文件备案的行为，由县级以上环保部门责令限期改正，并依据《海洋环境保护法》《固体废物污染环境防治法》《水污染防治法》等法律法规以及环境保护部制定的规章等，给予罚款等处罚。

（十二）环保部门违反《备案管理办法》等相关规定需要承担什么责任

为了规范环保部门及其工作人员备案管理行为，对于可能出现的不备案、乱备案、不告知等违法违纪行为进行了列举，明确责任界限。

（十三）备案制度如何与其他管理制度衔接

备案与其他环境管理制度的衔接，在一些规章、规范性文件中已有体现。如《危险化学品环境管理登记办法（试行）》（环境保护部令第 22 号）第九条规定，危险化学品生产使用企业申请办理危险化学品生产使用环境管理登记时，应当提交突发环境事件应急预案；《废弃危险化学品污染防治办法》（国家环境保护总局令第 27 号）第十九条规定，产生、收集、贮存、运输、利用、处置废弃危险化学品的单位，应当制定废弃危险化学品突发环境事件应急预案报县级以上环境保护部门备案；《新化学物质环境管理办法》（环境保护部令第 7 号）第三十一条规定，常规申报的登记证持有人和相应的加工使用者，应当制订应急预案和应急处置措施；《关于进一步加强环境影响评价管理防范环境风险的通知》（环发[2012]77 号）要求，相关建设项目申请试生产时，应提交企业突发环境事件应急预案的备案材料。未来还可以在其他文件中进一步强化。

（十四）今后企业环境应急预案的管理如何进一步深化

《备案管理办法》是企业环境应急预案管理的纲领性文件。今后环保部门主要通过备案这一抓手实现对企业环境应急预案的指导与管理。由于环境应急预案的制定与实施涉及技术内容多，为不断提高预案管理水平，环境保护部将陆续出台重点行业预案编修指南、应急资源调查指南、演练指南等配套文件。各地也可以根据实际，出台有关实施细则和指导性文件，不断提高管理水平，推动企业持续改进预案。

附：企业环境应急预案备案管理关键词

附：

企业环境应急预案备案管理关键词

1. 依据

《环境保护法》第四十七条

《突发事件应对法》第二十条、第二十二条、第二十三条

《海洋环境保护法》《固体废物污染环境防治法》《水污染防治法》

《石油天然气管道保护法》

《突发事件应急预案管理办法》（国办发[2013]101 号）

2. 目的

加强企业环境应急预案管理，夯实政府环境应急预案基础。

3. 环境应急预案备案的目的

不属于行政许可、行政确认。对于企业而言，备案是为了规范编修、提高

质量、履行法定义务。对环保部门而言，备案是为了收集信息、存档备查、事后管理。

4. 适用范围

（1）可能发生突发环境事件的污染物排放企业，包括污水、生活垃圾集中处理设施的运营企业；

（2）生产、储存、运输、使用危险化学品的企业；

（3）产生、收集、贮存、运输、利用、处置危险废物的企业；

（4）尾矿库企业，包括湿式堆存工业废渣库、电厂灰渣库企业；

（5）其他应当纳入适用范围的企业。

核与辐射环境应急预案的备案不适用本办法。

5. 备案时限

（1）企业制定环境应急预案后 20 个工作日内；

（2）企业修订环境应急预案后 20 个工作日内；

（3）建设单位建设项目投入生产或使用前。

6. 备案受理部门

县级环保部门或者省级环保部门统一调整的市级环保部门。

7. 备案受理

受理部门收到企业备案文件后，5 个工作日内进行核对，文件齐全的，予以备案。

备案后，县级环保部门将较大和重大环境风险企业的备案文件报送市级环保部门，重大的同时报送省级环保部门。

8. 备案监督

（1）汇总、整理、归档、建立数据库；

（2）指导、抽查、指导企业持续改进；

（3）责任倒查，把预案管理纳入事件调查处理范围。

9. 法律责任

对于企业，未制定、备案环境应急预案，或者提供虚假文件备案的。

对于备案受理部门，对备案文件齐全的不予备案或者拖延处理的，对备案文件不齐全的予以接受的，不一次性告知企业须补齐的文件的。

10. 备案管理流程图

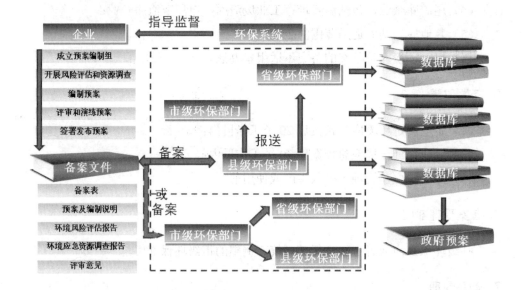

企业环境应急预案备案管理流程

国务院办公厅关于印发国家突发环境事件
应急预案的通知

国办函[2014]119 号

各省、自治区、直辖市人民政府，国务院各部委、各直属机构：

　　经国务院同意，现将修订后的《国家突发环境事件应急预案》印发给你们，请认真组织实施。2005 年 5 月 24 日经国务院批准、由国务院办公厅印发的《国家突发环境事件应急预案》同时废止。

国务院办公厅

2014 年 12 月 29 日

国家突发环境事件应急预案

1　总　则

1.1　编制目的

　　健全突发环境事件应对工作机制，科学有序高效应对突发环境事件，保障人民群众生命财产安全和环境安全，促进社会全面、协调、可持续发展。

1.2 编制依据

依据《中华人民共和国环境保护法》《中华人民共和国突发事件应对法》《中华人民共和国放射性污染防治法》《国家突发公共事件总体应急预案》及相关法律法规等，制定本预案。

1.3 适用范围

本预案适用于我国境内突发环境事件应对工作。

突发环境事件是指由于污染物排放或自然灾害、生产安全事故等因素，导致污染物或放射性物质等有毒有害物质进入大气、水体、土壤等环境介质，突然造成或可能造成环境质量下降，危及公众身体健康和财产安全，或造成生态环境破坏，或造成重大社会影响，需要采取紧急措施予以应对的事件，主要包括大气污染、水体污染、土壤污染等突发性环境污染事件和辐射污染事件。

核设施及有关核活动发生的核事故所造成的辐射污染事件、海上溢油事件、船舶污染事件的应对工作按照其他相关应急预案规定执行。重污染天气应对工作按照国务院《大气污染防治行动计划》等有关规定执行。

1.4 工作原则

突发环境事件应对工作坚持统一领导、分级负责，属地为主、协调联动，快速反应、科学处置，资源共享、保障有力的原则。突发环境事件发生后，地方人民政府和有关部门立即自动按照职责分工和相关预案开展应急处置工作。

1.5 事件分级

按照事件严重程度，突发环境事件分为特别重大、重大、较大和一般四级。突发环境事件分级标准见附件 1。

2 组织指挥体系

2.1 国家层面组织指挥机构

环境保护部负责重特大突发环境事件应对的指导协调和环境应急的日常监督管理工作。根据突发环境事件的发展态势及影响，环境保护部或省级人民政府可报请国务院批准，或根据国务院领导同志指示，成立国务院工作组，负责指导、协调、督促有关地区和部门开展突发环境事件应对工作。必要时，成立国家环境应急指挥部，由国务院领导同志担任总指挥，统一领导、组织和指挥应急处置工作；国务院办公厅履行信息汇总和综合协调职责，发挥运转枢纽作用。国家环境应急指挥部组成及工作组职责见附件2。

2.2　地方层面组织指挥机构

县级以上地方人民政府负责本行政区域内的突发环境事件应对工作，明确相应组织指挥机构。跨行政区域的突发环境事件应对工作，由各有关行政区域人民政府共同负责，或由有关行政区域共同的上一级地方人民政府负责。对需要国家层面协调处置的跨省级行政区域突发环境事件，由有关省级人民政府向国务院提出请求，或由有关省级环境保护主管部门向环境保护部提出请求。

地方有关部门按照职责分工，密切配合，共同做好突发环境事件应对工作。

2.3　现场指挥机构

负责突发环境事件应急处置的人民政府根据需要成立现场指挥部，负责现场组织指挥工作。参与现场处置的有关单位和人员要服从现场指挥部的统一指挥。

3　监测预警和信息报告

3.1　监测和风险分析

各级环境保护主管部门及其他有关部门要加强日常环境监测，并对可能导致突发环境事件的风险信息加强收集、分析和研判。安全监管、交通运输、公安、住房城乡建设、水利、农业、卫生计生、气象等有关部门按照职责分工，应当及时将可能导致突发环境事件的信息通报同级环境保护主管部门。

企业事业单位和其他生产经营者应当落实环境安全主体责任，定期排查环境安全隐患，开展环境风险评估，健全风险防控措施。当出现可能导致突发环境事件的情况时，要立即报告当地环境保护主管部门。

3.2　预警

3.2.1　预警分级

对可以预警的突发环境事件，按照事件发生的可能性大小、紧急程度和可能造成的危害程度，将预警分为四级，由低到高依次用蓝色、黄色、橙色和红色表示。

预警级别的具体划分标准，由环境保护部制定。

3.2.2   预警信息发布

地方环境保护主管部门研判可能发生突发环境事件时，应当及时向本级人民政府提出预警信息发布建议，同时通报同级相关部门和单位。地方人民政府或其授权的相关部门，及时通过电视、广播、报纸、互联网、手机短信、当面告知等渠道或方式向本行政区域公众发布预警信息，并通报可能影响到的相关地区。

上级环境保护主管部门要将监测到的可能导致突发环境事件的有关信息，及时通报可能受影响地区的下一级环境保护主管部门。

3.2.3   预警行动

预警信息发布后，当地人民政府及其有关部门视情况采取以下措施：

（1）分析研判。组织有关部门和机构、专业技术人员及专家，及时对预警信息进行分析研判，预估可能的影响范围和危害程度。

（2）防范处置。迅速采取有效处置措施，控制事件苗头。在涉险区域设置注意事项提示或事件危害警告标志，利用各种渠道增加宣传频次，告知公众避险和减轻危害的常识、需采取的必要的健康防护措施。

（3）应急准备。提前疏散、转移可能受到危害的人员，并进行妥善安置。责令应急救援队伍、负有特定职责的人员进入待命状态，动员后备人员做好参加应急救援和处置工作的准备，并调集应急所需物资和设备，做好应急保障工作。对可能导致突发环境事件发生的相关企业事业单位和其他生产经营者加强环境监管。

（4）舆论引导。及时准确发布事态最新情况，公布咨询电话，组织专家解读。加强相关舆情监测，做好舆论引导工作。

3.2.4   预警级别调整和解除

发布突发环境事件预警信息的地方人民政府或有关部门，应当根据事态发展情况和采取措施的效果适时调整预警级别；当判断不可能发生突发环境事件或者危险已经消除时，宣布解除预警，适时终止相关措施。

3.3   信息报告与通报

突发环境事件发生后，涉事企业事业单位或其他生产经营者必须采取应对措施，并立即向当地环境保护主管部门和相关部门报告，同时通报可能受到污染危害的单位和居民。因生产安全事故导致突发环境事件的，安全监管等有关部门应当及时通报同级环境保护主管部门。环境保护主管部门通过互联网信息监测、环境污染举报热线等多种渠道，加强对突发环境事件的信息收集，及时掌握突发环境事件发生情况。

事发地环境保护主管部门接到突发环境事件信息报告或监测到相关信息后，应当立即进行核实，对突发环境事件的性质和类别作出初步认定，按照国家规定的时限、程序和要求向上级环境保护主管部门和同级人民政府报告，并通报同级其他相关部门。突发环境事件已经或者可能涉及相邻行政区域的，事发地人民政府或环境保护主管部门应当及时通报相邻行政区域同级人民政府或环境保护主管部门。地方各级人民政府及其环境保护主管部门应当按照有关规定逐级上报，必要时可越级上报。

接到已经发生或者可能发生跨省级行政区域突发环境事件信息时，环境保护部要及时通报相关省级环境保护主管部门。

对以下突发环境事件信息，省级人民政府和环境保护部应当立即向国务院报告：

（1）初判为特别重大或重大突发环境事件；

（2）可能或已引发大规模群体性事件的突发环境事件；

（3）可能造成国际影响的境内突发环境事件；

（4）境外因素导致或可能导致我境内突发环境事件；

（5）省级人民政府和环境保护部认为有必要报告的其他突发环境事件。

4 应急响应

4.1 响应分级

根据突发环境事件的严重程度和发展态势，将应急响应设定为Ⅰ级、Ⅱ级、Ⅲ级和Ⅳ级四个等级。初判发生特别重大、重大突发环境事件，分别启动Ⅰ级、Ⅱ级应急响应，由事发地省级人民政府负责应对工作；初判发生较大突发环境事件，启动Ⅲ级应急响应，由事发地设区的市级人民政府负责应对工作；初判发生一般突发环境事件，启动Ⅳ级应急响应，由事发地县级人民政府负责应对工作。

突发环境事件发生在易造成重大影响的地区或重要时段时，可适当提高响应级别。应急响应启动后，可视事件损失情况及其发展趋势调整响应级别，避免响应不足或响应过度。

4.2 响应措施

突发环境事件发生后，各有关地方、部门和单位根据工作需要，组织采取以下措施。

4.2.1 现场污染处置

涉事企业事业单位或其他生产经营者要立即采取关闭、停产、封堵、围挡、喷淋、转移等措施，切断和控制污染源，防止污染蔓延扩散。做好有毒有害物质和消防废水、废液等的收集、清理和安全处置工作。当涉事企业事业单位或其他生产经营者不明时，由当地环境保护主管部门组织对污染来源开展调查，查明涉事单位，确定污染物种类和污染范围，切断污染源。

事发地人民政府应组织制订综合治污方案，采用监测和模拟等手段追踪污染气体扩散途径和范围；采取拦截、导流、疏浚等形式防止水体污染扩大；采取隔离、吸附、打捞、氧化还原、中和、沉淀、消毒、去污洗消、临时收贮、微生物消解、调水稀释、转移异地处置、临时改造污染处置工艺或临时建设污染处置工程等方法处置污染物。必要时，要求其他排污单位停产、限产、限排，减轻环境污染负荷。

4.2.2 转移安置人员

根据突发环境事件影响及事发当地的气象、地理环境、人员密集度等，建立现场警戒区、交通管制区域和重点防护区域，确定受威胁人员疏散的方式和途径，有组织、有秩序地及时疏散转移受威胁人员和可能受影响地区居民，确保生命安全。妥善做好转移人员安置工作，确保有饭吃、有水喝、有衣穿、有住处和必要医疗条件。

4.2.3 医学救援

迅速组织当地医疗资源和力量，对伤病员进行诊断治疗，根据需要及时、安全地将重症伤病员转运到有条件的医疗机构加强救治。指导和协助开展受污染人员的去污洗消工作，提出保护公众健康的措施建议。视情况增派医疗卫生专家和卫生应急队伍、调配急需医药物资，支持事发地医学救援工作。做好受影响人员的心理援助。

4.2.4　应急监测

加强大气、水体、土壤等应急监测工作，根据突发环境事件的污染物种类、性质以及当地自然、社会环境状况等，明确相应的应急监测方案及监测方法，确定监测的布点和频次，调配应急监测设备、车辆，及时准确监测，为突发环境事件应急决策提供依据。

4.2.5　市场监管和调控

密切关注受事件影响地区市场供应情况及公众反应，加强对重要生活必需品等商品的市场监管和调控。禁止或限制受污染食品和饮用水的生产、加工、流通和食用，防范因突发环境事件造成的集体中毒等。

4.2.6　信息发布和舆论引导

通过政府授权发布、发新闻稿、接受记者采访、举行新闻发布会、组织专家解读等方式，借助电视、广播、报纸、互联网等多种途径，主动、及时、准确、客观地向社会发布突发环境事件和应对工作信息，回应社会关切，澄清不实信息，正确引导社会舆论。信息发布内容包括事件原因、污染程度、影响范围、应对措施、需要公众配合采取的措施、公众防范常识和事件调查处理进展情况等。

4.2.7　维护社会稳定

加强受影响地区社会治安管理，严厉打击借机传播谣言制造社会恐慌、哄抢救灾物资等违法犯罪行为；加强转移人员安置点、救灾物资存放点等重点地区治安管控；做好受影响人员与涉事单位、地方人民政府及有关部门矛盾纠纷化解和法律服务工作，防止出现群体性事件，维护社会稳定。

4.2.8　国际通报和援助

如需向国际社会通报或请求国际援助时，环境保护部商外交部、商务部提出需要通报或请求援助的国家（地区）和国际组织、事项内容、时机等，按照有关规定由指定机构向国际社会发出通报或呼吁信息。

4.3　国家层面应对工作

4.3.1　部门工作组应对

初判发生重大以上突发环境事件或事件情况特殊时，环境保护部立即派出工作组赴现场指导督促当地开展应急处置、应急监测、原因调查等工作，并根据需要协调有关方面提供队伍、物资、技术等支持。

4.3.2　国务院工作组应对

当需要国务院协调处置时，成立国务院工作组。主要开展以下工作：

（1）了解事件情况、影响、应急处置进展及当地需求等；

（2）指导地方制订应急处置方案；

（3）根据地方请求，组织协调相关应急队伍、物资、装备等，为应急处置提供支援和技术支持；

（4）对跨省级行政区域突发环境事件应对工作进行协调；

（5）指导开展事件原因调查及损害评估工作。

4.3.3　国家环境应急指挥部应对

根据事件应对工作需要和国务院决策部署，成立国家环境应急指挥部。主要开展以下工作：

（1）组织指挥部成员单位、专家组进行会商，研究分析事态，部署应急处置工作；

（2）根据需要赴事发现场或派出前方工作组赴事发现场协调开展应对工作；

（3）研究决定地方人民政府和有关部门提出的请求事项；

（4）统一组织信息发布和舆论引导；

（5）视情况向国际通报，必要时与相关国家和地区、国际组织领导人通电话；

（6）组织开展事件调查。

4.4　响应终止

当事件条件已经排除、污染物质已降至规定限值以内、所造成的危害基本消除时，由启动响应的人民政府终止应急响应。

5　后期工作

5.1　损害评估

突发环境事件应急响应终止后，要及时组织开展污染损害评估，并将评估结果向社会公布。评估结论作为事件调查处理、损害赔偿、环境修复和生态恢复重建的依据。

突发环境事件损害评估办法由环境保护部制定。

5.2　事件调查

突发环境事件发生后，根据有关规定，由环境保护主管部门牵头，可会同监察机关及相关部门，组织开展事件调查，查明事件原因和性质，提出整改防范措施和处理建议。

5.3　善后处置

事发地人民政府要及时组织制订补助、补偿、抚慰、抚恤、安置和环境恢复等善后工作方案并组织实施。保险机构要及时开展相关理赔工作。

6　应急保障

6.1　队伍保障

国家环境应急监测队伍、公安消防部队、大型国有骨干企业应急救援队伍及其他相关方面应急救援队伍等力量，要积极参加突发环境事件应急监测、应急处置与救援、调查处理等工作任务。发挥国家环境应急专家组作用，为重特大突发环境事件应急处置方案制订、污染损害评估和调查处理工作提供决策建议。县级以上地方人民政府要强化环境应急救援队伍能力建设，加强环境应急专家队伍管理，提高突发环境事件快速响应及应急处置能力。

6.2　物资与资金保障

国务院有关部门按照职责分工，组织做好环境应急救援物资紧急生产、储备调拨和紧急配送工作，保障支援突发环境事件应急处置和环境恢复治理工作的需要。县级以上地方人民政府及其有关部门要加强应急物资储备，鼓励支持社会化应急物资储备，保障应急物资、生活必需品的生产和供给。环境保护主管部门要加强对当地环境应急物资储备信息的动态管理。

突发环境事件应急处置所需经费首先由事件责任单位承担。县级以上地方人民政府对突发环境事件应急处置工作提供资金保障。

6.3　通信、交通与运输保障

地方各级人民政府及其通信主管部门要建立健全突发环境事件应急通信保障体系，确保应急期间通信联络和信息传递需要。交通运输部门要健全公路、铁路、航空、水运紧急运输保障体系，保障应急响应所需人员、物资、装备、器材等的运输。公安部门要加强应急交通管理，保障运送伤病员、应急救援人员、物资、装备、器材车辆的优先通行。

6.4　技术保障

支持突发环境事件应急处置和监测先进技术、装备的研发。依托环境应急指挥技术平台，实现信息综合集成、分析处理、污染损害评估的智能化和数字化。

7　附则

7.1　预案管理

预案实施后，环境保护部要会同有关部门组织预案宣传、培训和演练，并根据实际情况，适时组织评估和修订。地方各级人民政府要结合当地实际制定或修订突发环境事件应急预案。

7.2　预案解释

本预案由环境保护部负责解释。

7.3　预案实施时间

本预案自印发之日起实施。

附件：1. 突发环境事件分级标准

2. 国家环境应急指挥部组成及工作组职责

附件 1

突发环境事件分级标准

一、特别重大突发环境事件

凡符合下列情形之一的，为特别重大突发环境事件：

1. 因环境污染直接导致 30 人以上死亡或 100 人以上中毒或重伤的；

2. 因环境污染疏散、转移人员 5 万人以上的；

3. 因环境污染造成直接经济损失 1 亿元以上的；

4. 因环境污染造成区域生态功能丧失或该区域国家重点保护物种灭绝的；

5. 因环境污染造成设区的市级以上城市集中式饮用水水源地取水中断的；

6. Ⅰ、Ⅱ类放射源丢失、被盗、失控并造成大范围严重辐射污染后果的；放射性同位素和射线装置失控导致3人以上急性死亡的；放射性物质泄漏，造成大范围辐射污染后果的；

7. 造成重大跨国境影响的境内突发环境事件。

二、重大突发环境事件

凡符合下列情形之一的，为重大突发环境事件：

1. 因环境污染直接导致10人以上30人以下死亡或50人以上100人以下中毒或重伤的；

2. 因环境污染疏散、转移人员1万人以上5万人以下的；

3. 因环境污染造成直接经济损失2 000万元以上1亿元以下的；

4. 因环境污染造成区域生态功能部分丧失或该区域国家重点保护野生动植物种群大批死亡的；

5. 因环境污染造成县级城市集中式饮用水水源地取水中断的；

6. Ⅰ、Ⅱ类放射源丢失、被盗的；放射性同位素和射线装置失控导致3人以下急性死亡或者10人以上急性重度放射病、局部器官残疾的；放射性物质泄漏，造成较大范围辐射污染后果的；

7. 造成跨省级行政区域影响的突发环境事件。

三、较大突发环境事件

凡符合下列情形之一的，为较大突发环境事件：

1. 因环境污染直接导致3人以上10人以下死亡或10人以上50人以下中毒或重伤的；

2. 因环境污染疏散、转移人员5 000人以上1万人以下的；

3. 因环境污染造成直接经济损失500万元以上2 000万元以下的；

4. 因环境污染造成国家重点保护的动植物物种受到破坏的；

5. 因环境污染造成乡镇集中式饮用水水源地取水中断的；

6. Ⅲ类放射源丢失、被盗的；放射性同位素和射线装置失控导致10人以下急性重度放射病、局部器官残疾的；放射性物质泄漏，造成小范围辐射污染后果的；

7. 造成跨设区的市级行政区域影响的突发环境事件。

四、一般突发环境事件

凡符合下列情形之一的，为一般突发环境事件：

1. 因环境污染直接导致 3 人以下死亡或 10 人以下中毒或重伤的；

2. 因环境污染疏散、转移人员 5 000 人以下的；

3. 因环境污染造成直接经济损失 500 万元以下的；

4. 因环境污染造成跨县级行政区域纠纷，引起一般性群体影响的；

5. Ⅳ、Ⅴ类放射源丢失、被盗的；放射性同位素和射线装置失控导致人员受到超过年剂量限值的照射的；放射性物质泄漏，造成厂区内或设施内局部辐射污染后果的；铀矿冶、伴生矿超标排放，造成环境辐射污染后果的；

6. 对环境造成一定影响，尚未达到较大突发环境事件级别的。

上述分级标准有关数量的表述中，"以上"含本数，"以下"不含本数。

附件 2

国家环境应急指挥部组成及工作组职责

国家环境应急指挥部主要由环境保护部、中央宣传部（国务院新闻办）、中央网信办、外交部、国家发展改革委、工业和信息化部、公安部、民政部、财政部、住房和城乡建设部、交通运输部、水利部、农业部、商务部、卫生计生委、新闻出版广电总局、安全监管总局、食品药品监管总局、林业局、气象局、海洋局、测绘地信局、铁路局、民航局、总参作战部、总后基建营房部、武警总部、中国铁路总公司等部门和单位组成，根据应对工作需要，增加有关地方人民政府和其他有关部门。

国家环境应急指挥部设立相应工作组，各工作组组成及职责分工如下：

一、污染处置组。由环境保护部牵头，公安部、交通运输部、水利部、农业部、安全监管总局、林业局、海洋局、总参作战部、武警总部等参加。

主要职责：收集汇总相关数据，组织进行技术研判，开展事态分析；迅速组织切断污染源，分析污染途径，明确防止污染物扩散的程序；组织采取有效措施，消除或减轻已经造成的污染；明确不同情况下的现场处置人员须采取的个人防护措施；组织建立现场警戒区和交通管制区域，确定重点防护区域，确定受威胁人员疏散的方式和途径，疏散转移受威胁人员至安全紧急避险场所；协调军队、武警有关力量参与应急处置。

二、应急监测组。由环境保护部牵头，住房和城乡建设部、水利部、农业部、气象局、海洋局、总参作战部、总后基建营房部等参加。

主要职责：根据突发环境事件的污染物种类、性质以及当地气象、自然、社会环境状况等，明确相应的应急监测方案及监测方法；确定污染物扩散范围，明确监测的布点和频次，做好大气、水体、土壤等应急监测，为突发环境事件应急决策提供依据；协调军队力量参与应急监测。

三、医学救援组。由卫生计生委牵头，环境保护部、食品药品监管总局等参加。

主要职责：组织开展伤病员医疗救治、应急心理援助；指导和协助开展受污染人员的去污洗消工作；提出保护公众健康的措施建议；禁止或限制受污染食品和饮用水的生产、加工、流通和食用，防范因突发环境事件造成集体中毒等。

四、应急保障组。由发展改革委牵头，工业和信息化部、公安部、民政部、财政部、环境保护部、住房和城乡建设部、交通运输部、水利部、商务部、测绘地信局、铁路局、民航局、中国铁路总公司等参加。

主要职责：指导做好事件影响区域有关人员的紧急转移和临时安置工作；组织做好环境应急救援物资及临时安置重要物资的紧急生产、储备调拨和紧急配送工作；及时组织调运重要生活必需品，保障群众基本生活和市场供应；开展应急测绘。

五、新闻宣传组。由中央宣传部（国务院新闻办）牵头，中央网信办、工业和信息化部、环境保护部、新闻出版广电总局等参加。

主要职责：组织开展事件进展、应急工作情况等权威信息发布，加强新闻宣传报道；收集分析国内外舆情和社会公众动态，加强媒体、电信和互联网管理，正确引导舆论；通过多种方式，通俗、权威、全面、前瞻地做好相关知识普及；

及时澄清不实信息，回应社会关切。

六、社会稳定组。由公安部牵头，中央网信办、工业和信息化部、环境保护部、商务部等参加。

主要职责：加强受影响地区社会治安管理，严厉打击借机传播谣言制造社会恐慌、哄抢物资等违法犯罪行为；加强转移人员安置点、救灾物资存放点等重点地区治安管控；做好受影响人员与涉事单位、地方人民政府及有关部门矛盾纠纷化解和法律服务工作，防止出现群体性事件，维护社会稳定；加强对重要生活必需品等商品的市场监管和调控，打击囤积居奇行为。

七、涉外事务组。由外交部牵头，环境保护部、商务部、海洋局等参加。

主要职责：根据需要向有关国家和地区、国际组织通报突发环境事件信息，协调处理对外交涉、污染检测、危害防控、索赔等事宜，必要时申请、接受国际援助。

工作组设置、组成和职责可根据工作需要作适当调整。

新《国家突发环境事件应急预案》解读

为适应新形势下突发环境事件应急工作需要，经国务院同意，国务院办公厅于 2014 年 12 月 29 日正式印发了修订后的《国家突发环境事件应急预案》（以下简称新《预案》）。

新《预案》依据 2014 年修订的《环境保护法》和《突发事件应对法》等法律法规，总结了近年来突发环境事件应对工作的实践经验，从我国国情和现实发展阶段出发，重点在突发环境事件的定义和预案适用范围、应急指挥体系、监测预警和信息报告机制、事件分级及其响应机制、应急响应措施等方面做了调整，较 2005 年印发的原《预案》结构更加合理，内容更加精练，定位更加准确，层级设计更加清晰，职责分工更加明确，"环境"特点更加突出，应急响应流程更加顺畅，指导性、针对性和可操作性更强。

一、修订的背景

原《预案》印发时，《突发事件应对法》尚未颁布。近 10 年来，国家根据突发事件应对和环境保护的需要，先后出台了《突发事件应对法》（2007 年）、修订了《水污染防治法》（2008 年）和《环境保护法》（2014 年），发布了《国务院关于全面加强应急管理工作的意见》（2006 年）、《国务院关于加强环境保护重点工作的意见》（2011 年）、《突发事件应急预案管理办法》（2013 年）等法规和文件。原《预案》印发时，突发环境事件的主管部门是国家环保总局。2008 年机构改革，国家环保总局升格为环境保护部，成为国务院的组成部门。特别是近 10 年来突发环境事件应对工作的实践，和人民群众不断增长的对环境安全的要求，使原《预案》在突发环境事件的定义、预案适用范围、应急指挥体系、应急响应措施等方面暴露出一些问题和不足，迫切需要对原《预案》进行修订，以适应环境应急管理工作面临的新形势、新任务和新要求。

二、修订的主要内容

新《预案》由 7 章和 2 个附件组成，分别为总则、组织指挥体系、监测预警和信息报告、应急响应、后期工作、应急保障、附则，将原《预案》中篇幅较大且相对独立的突发环境事件分级标准和国家环境应急指挥部组成及工作组职责调整为 2 个附件。

（一）突发环境事件定义增加了新内涵

新《预案》对突发环境事件重新定义，即"突发环境事件是指由于污染物排放或自然灾害、生产安全事故等因素，导致污染物或放射性物质等有毒有害物质进入大气、水体、土壤等环境介质，突然造成或可能造成环境质量下降，危及公众身体健康和财产安全，或造成生态环境破坏，或造成重大社会影响，需要采取紧急措施予以应对的事件，主要包括大气污染、水体污染、土壤污染等突发性环境污染事件和辐射污染事件。"该定义一是增加了突发环境事件原因的描述和界定，列举了引发和次生突发环境事件的情形。这有助于增强各级政府及其有关部门和企业的环境意识，适应应急管理工作从单项向综合转变的发展态势，在应对事故灾难和自然灾害时，要尽可能减少对环境的损害，防范次生突发环境事件的产生。二是在定义中明确"突然造成或可能造成"，这里既包括"突然暴发"，也包括"突然发现"。将突发性污染和一些累积性污染都纳入突发环境事件的范畴，体现了国家对环境安全的底线思维，有利于最大限度地减少事件的环境影响。

（二）新《预案》适用范围更加明确

新《预案》规定："本预案适用于我国境内突发环境事件的应对工作"。这与原《预案》只强调国家层面介入应对的表述相比有较大调整，体现了国家专项预案的政策性和对地方的指导性。同时新《预案》还明确规定，"核设施及有关核活动发生的核事故所造成的辐射污染事件、海上溢油事件、船舶污染事件的应对工作按照其他相关应急预案规定执行。重污染天气应对工作按照国务院《大气污染防治行动计划》等有关规定执行。"

(三）应急组织体系更加完善

新《预案》强调"坚持统一领导、分级负责，属地为主、协调联动，快速反应、科学处置，资源共享、保障有力的原则。" 明确突发环境事件应对工作的责任主体是县级以上地方人民政府。"突发环境事件发生后，地方人民政府和有关部门立即自动按照职责分工和相关预案开展应急处置工作。"国家层面主要是负责应对重特大突发环境事件，跨省级行政区域突发环境事件和省级人民政府提出请求的突发环境事件。国家层面应对工作分为环境保护部、国务院工作组和国家环境应急指挥部三个层次，这样规定是近10年来重特大突发环境事件应对实践的总结和固化。如2005年发生的松花江水污染特别重大突发环境事件，国务院成立了应急指挥部统一领导、组织和指挥应急处置工作。一些敏感的重大环境事件，如2009年年底中石油兰郑长管线柴油泄漏事件、2012年年初广西龙江河镉污染事件等，则根据国务院领导同志指示，成立了由环境保护部等相关部门组成的国务院工作组，负责指导、协调、督促有关地区和部门开展突发环境事件应对工作。其他重特大突发环境事件国家层面的应对则多是由环境保护部负责。与之相配套，环境保护部于2013年印发了《环境保护部突发环境事件应急响应工作办法》，对部门工作组的响应分级、响应方式、响应程序、工作内容进行了系统规定。

新《预案》还强调，应急指挥部的成立由负责处置的主体来决定，即"负责突发环境事件应急处置的人民政府根据需要成立现场指挥部，负责现场组织指挥工作。参与现场处置的有关单位和人员要服从现场指挥部的统一指挥。" 这就使国家和地方的事权更加清晰，便于有效开展应对工作。

(四）事件分级标准更加完善

新《预案》从人员伤亡、经济损失、生态环境破坏、辐射污染和社会影响等方面对事件分级标准进行了比较系统地完善，修订内容如下：一是在较大级别中增加了"因环境污染造成乡镇集中式饮用水水源地取水中断"的规定；比照伤亡人数、疏散人数、经济损失、跨界影响等因素，增加了一般事件分级具体指标。

二是强调了环境污染与后果之间的关系。强调了"因环境污染"直接导致的人员伤亡、疏散和转移，从而与因生产安全事故和交通事故等致人伤亡的情形区别开来。三是提高了经济损失标准。将特别重大级别中由于环境污染造成直接经济损失的额度由原来的 1 000 万元调整至 1 亿元，其他级别中因环境污染造成直接经济损失的额度也做了相应调整。四是辐射方面的分级标准进一步调整和规范。五是在特别重大级别中增加了"造成重大跨国境影响的境内突发环境事件"。

（五）预警行动和应急响应更加具体

新《预案》对"预警行动"进行了细化，将其划分为分析研判、防范处置、应急准备和舆论引导等。同时，明确"预警级别的具体划分标准，由环境保护部制定"。"响应措施"分别为现场污染处置、转移安置人员、医学救援、应急监测、市场监管和调控、信息发布和舆论引导、维护社会稳定、国际通报和援助等，具有较强的指导性。

新《预案》规定"突发环境事件发生在易造成重大影响的地区或重要时段时，可适当提高响应级别。应急响应启动后，可视事件损失情况及其发展趋势调整响应级别，避免响应不足或响应过度。"这个应急响应级别灵活调整和响应适度的原则完全符合《突发事件应对法》的规定。即"有关人民政府及其部门采取的应对突发事件的措施，应当与突发事件可能造成的社会危害的性质、程度和范围相适应；有多种措施可供选择的，应当选择有利于最大限度地保护公民、法人和其他组织权益的措施。"

（六）信息报告和通报进一步强化

新《预案》强调"突发环境事件发生后，涉事企业事业单位或其他生产经营者必须采取应对措施，并立即向当地环境保护主管部门和相关部门报告，同时通报可能受到污染危害的单位和居民。因生产安全事故导致突发环境事件的，安全监管等有关部门应当及时通报同级环境保护主管部门。环境保护主管部门通过互联网信息监测、环境污染举报热线等多种渠道，加强对突发环境事件的信息收集，及时掌握突发环境事件发生情况。"明确了信息报告与通报的实施主体、职责分工和程序，强调了跨省级行政区域和向国务院报告的突发环境事件信息的处理原则和主要情形。新《预案》还规定，"地方各级人民政府及其环境保护主管部门应当按照有关规定逐级上报，必要时可越级上报。"

（七）后期工作明确具体

新《预案》将后期处置工作分为损害评估、事件调查、善后处置三部分内容，规定"突发环境事件应急响应终止后，要及时组织开展污染损害评估，并将评估结果向社会公布。评估结论作为事件调查处理、损害赔偿、环境修复和生态恢复重建的重要依据。突发环境事件损害评估办法由环境保护部制定。""突发环境事件发生后，根据有关规定，由环境保护主管部门牵头，可会同监察机关及相关部门，组织开展事件调查，查明事件原因和性质，提出防范整改措施和处理建议。"近年来，环境保护部制修订了《突发环境事件应急处置阶段污染损害评估工作程序规定》《环境损害评估推荐方法（第二版)》《突发环境事件应急处置阶段污染损害评估推荐方法》《突发环境事件调查处理办法》《关于环境污染责任保险工作的指导意见》等，可结合新《预案》一并贯彻。

实践证明，损害评估是对人民群众负责的具体体现，事件调查是提高应急管理水平和能力的重要举措。把应对突发事件实践中的经验教训总结、凝练，通过制度和预案进一步确定下来，以应对那些不确定的突发事件，这是应急管理工作非常重要的方法和宝贵经验。

最后要强调的是，根据党中央、国务院关于"全面推进政务公开，坚持以公开为常态、不公开为例外原则"，新《预案》全文公布，有利于广大群众学习、了解、贯彻和监督。广大人民群众既是我们保护的主体，更是我们应对突发事件依靠的主体。下一步，环境保护部等将按照新《预案》，制定修订相关配套文件，各地、各部门将结合自己的实际制修订本地区、本部门的相关预案，并组织做好宣传、培训、演练和贯彻实施等工作，以更加健全突发环境事件应对工作的体制机制，更好地保障人民群众的生命财产安全和环境安全，促进社会全面、协调、可持续发展。

中华人民共和国环境保护部令

第 17 号

《突发环境事件信息报告办法》已由环境保护部 2011 年第一次部务会议于 2011 年 3 月 24 日审议通过。现予公布，自 2011 年 5 月 1 日起施行。

部长　周生贤

二〇一一年四月十八日

突发环境事件信息报告办法

第一条　为了规范突发环境事件信息报告工作，提高环境保护主管部门应对突发环境事件的能力，依据《中华人民共和国突发事件应对法》《国家突发公共事件总体应急预案》《国家突发环境事件应急预案》及相关法律法规的规定，制定本办法。

第二条　本办法适用于环境保护主管部门对突发环境事件的信息报告。

突发环境事件分为特别重大（Ⅰ级）、重大（Ⅱ级）、较大（Ⅲ级）和一般（Ⅳ级）四级。

核与辐射突发环境事件的信息报告按照核安全有关法律法规执行。

第三条　突发环境事件发生地设区的市级或者县级人民政府环境保护主管部门在发现或者得知突发环境事件信息后，应当立即进行核实，对突发环境事件的性质和类别做出初步认定。

对初步认定为一般（Ⅳ级）或者较大（Ⅲ级）突发环境事件的，事件发生地设区的市级或者县级人民政府环境保护主管部门应当在四小时内向本级人民政府和上一级人民政府环境保护主管部门报告。

对初步认定为重大（Ⅱ级）或者特别重大（Ⅰ级）突发环境事件的，事件发生地设区的市级或者县级人民政府环境保护主管部门应当在两小时内向本级人民政府和省级人民政府环境保护主管部门报告，同时上报环境保护部。省级人民政府环境保护主管部门接到报告后，应当进行核实并在一小时内报告环境保护部。

突发环境事件处置过程中事件级别发生变化的，应当按照变化后的级别报告信息。

第四条　发生下列一时无法判明等级的突发环境事件，事件发生地设区的市级或者县级人民政府环境保护主管部门应当按照重大（Ⅱ级）或者特别重大（Ⅰ

级）突发环境事件的报告程序上报：

（一）对饮用水水源保护区造成或者可能造成影响的；

（二）涉及居民聚居区、学校、医院等敏感区域和敏感人群的；

（三）涉及重金属或者类金属污染的；

（四）有可能产生跨省或者跨国影响的；

（五）因环境污染引发群体性事件，或者社会影响较大的；

（六）地方人民政府环境保护主管部门认为有必要报告的其他突发环境事件。

第五条　上级人民政府环境保护主管部门先于下级人民政府环境保护主管部门获悉突发环境事件信息的，可以要求下级人民政府环境保护主管部门核实并报告相应信息。下级人民政府环境保护主管部门应当依照本办法的规定报告信息。

第六条　向环境保护部报告突发环境事件有关信息的，应当报告总值班室，同时报告环境保护部环境应急指挥领导小组办公室。环境保护部环境应急指挥领导小组办公室应当根据情况向部内相关司局通报有关信息。

第七条　环境保护部在接到下级人民政府环境保护主管部门重大（Ⅱ级）或者特别重大（Ⅰ级）突发环境事件以及其他有必要报告的突发环境事件信息后，应当及时向国务院总值班室和中共中央办公厅秘书局报告。

第八条　突发环境事件已经或者可能涉及相邻行政区域的，事件发生地环境保护主管部门应当及时通报相邻区域同级人民政府环境保护主管部门，并向本级人民政府提出向相邻区域人民政府通报的建议。接到通报的环境保护主管部门应当及时调查了解情况，并按照本办法第三条、第四条的规定报告突发环境事件信息。

第九条　上级人民政府环境保护主管部门接到下级人民政府环境保护主管部门以电话形式报告的突发环境事件信息后，应当如实、准确做好记录，并要求下级人民政府环境保护主管部门及时报告书面信息。

对于情况不够清楚、要素不全的突发环境事件信息，上级人民政府环境保护主管部门应当要求下级人民政府环境保护主管部门及时核实补充信息。

第十条　县级以上人民政府环境保护主管部门应当建立突发环境事件信息档案，并按照有关规定向上一级人民政府环境保护主管部门报送本行政区域突发环境事件的月度、季度、半年度和年度报告以及统计情况。上一级人民政府环境保护主管部门定期对报告及统计情况进行通报。

第十一条　报告涉及国家秘密的突发环境事件信息，应当遵守国家有关保密的规定。

第十二条　突发环境事件的报告分为初报、续报和处理结果报告。

初报在发现或者得知突发环境事件后首次上报；续报在查清有关基本情况、事件发展情况后随时上报；处理结果报告在突发环境事件处理完毕后上报。

第十三条　初报应当报告突发环境事件的发生时间、地点、信息来源、事件起因和性质、基本过程、主要污染物和数量、监测数据、人员受害情况、饮用水水源地等环境敏感点受影响情况、事件发展趋势、处置情况、拟采取的措施以及下一步工作建议等初步情况，并提供可能受到突发环境事件影响的环境敏感点的分布示意图。

续报应当在初报的基础上，报告有关处置进展情况。

处理结果报告应当在初报和续报的基础上，报告处理突发环境事件的措施、过程和结果，突发环境事件潜在或者间接危害以及损失、社会影响、处理后的遗留问题、责任追究等详细情况。

第十四条　突发环境事件信息应当采用传真、网络、邮寄和面呈等方式书面报告；情况紧急时，初报可通过电话报告，但应当及时补充书面报告。

书面报告中应当载明突发环境事件报告单位、报告签发人、联系人及联系方式等内容，并尽可能提供地图、图片以及相关的多媒体资料。

第十五条　在突发环境事件信息报告工作中迟报、谎报、瞒报、漏报有关突发环境事件信息的，给予通报批评；造成后果的，对直接负责的主管人员和其他直接责任人员依法依纪给予处分；构成犯罪的，移送司法机关依法追究刑事责任。

第十六条　本办法由环境保护部解释。

第十七条　本办法自 2011 年 5 月 1 日起施行。《环境保护行政主管部门突发环境事件信息报告办法（试行）》（环发[2006]50 号）同时废止。

附录

突发环境事件分级标准

按照突发事件严重性和紧急程度，突发环境事件分为特别重大（Ⅰ级）、重大（Ⅱ级）、较大（Ⅲ级）和一般（Ⅳ级）四级。

1. 特别重大（Ⅰ级）突发环境事件

凡符合下列情形之一的，为特别重大突发环境事件：

（1）因环境污染直接导致 10 人以上死亡或 100 人以上中毒的。

（2）因环境污染需疏散、转移群众 5 万人以上的。

（3）因环境污染造成直接经济损失 1 亿元以上的。

（4）因环境污染造成区域生态功能丧失或国家重点保护物种灭绝的。

（5）因环境污染造成地市级以上城市集中式饮用水水源地取水中断的。

（6）1、2 类放射源失控造成大范围严重辐射污染后果的；核设施发生需要进入场外应急的严重核事故，或事故辐射后果可能影响邻省和境外的，或按照"国际核事件分级（INES）标准"属于 3 级以上的核事件；台湾核设施中发生的按照"国际核事件分级（INES）标准"属于 4 级以上的核事故；周边国家核设施中发生的按照"国际核事件分级（INES）标准"属于 4 级以上的核事故。

（7）跨国界突发环境事件。

2. 重大（Ⅱ级）突发环境事件

凡符合下列情形之一的，为重大突发环境事件：

（1）因环境污染直接导致 3 人以上 10 人以下死亡或 50 人以上 100 人以下中毒的；

（2）因环境污染需疏散、转移群众 1 万人以上 5 万人以下的；

（3）因环境污染造成直接经济损失 2 000 万元以上 1 亿元以下的；

（4）因环境污染造成区域生态功能部分丧失或国家重点保护野生动植物种群

大批死亡的；

（5）因环境污染造成县级城市集中式饮用水水源地取水中断的；

（6）重金属污染或危险化学品生产、贮运、使用过程中发生爆炸、泄漏等事件，或因倾倒、堆放、丢弃、遗撒危险废物等造成的突发环境事件发生在国家重点流域、国家级自然保护区、风景名胜区或居民聚集区、医院、学校等敏感区域的；

（7）1、2类放射源丢失、被盗、失控造成环境影响，或核设施和铀矿冶炼设施发生的达到进入场区应急状态标准的，或进口货物严重辐射超标的事件；

（8）跨省（区、市）界突发环境事件。

3. 较大（III级）突发环境事件

凡符合下列情形之一的，为较大突发环境事件：

（1）因环境污染直接导致3人以下死亡或10人以上50人以下中毒的；

（2）因环境污染需疏散、转移群众5 000人以上1万人以下的；

（3）因环境污染造成直接经济损失500万元以上2 000万元以下的；

（4）因环境污染造成国家重点保护的动植物物种受到破坏的；

（5）因环境污染造成乡镇集中式饮用水水源地取水中断的；

（6）3类放射源丢失、被盗或失控，造成环境影响的；

（7）跨地市界突发环境事件。

4. 一般（IV级）突发环境事件

除特别重大突发环境事件、重大突发环境事件、较大突发环境事件以外的突发环境事件。

《突发环境事件信息报告办法》解读

　　根据环境应急管理工作的实际需要，为了规范突发环境事件信息报告工作，提高环境保护主管部门应对突发环境事件的能力，切实保障人民群众生命健康和财产安全，环境保护部在认真研究总结《环境保护行政主管部门突发环境事件信息报告办法（试行）》的基础上，颁布了《突发环境事件信息报告办法》（环境保护部令第 17 号），并于 2011 年 5 月 1 日起施行。

一、制定《突发环境事件信息报告办法》的必要性

　　2006 年，原国家环保总局制定了《环境保护行政主管部门突发环境事件信息报告办法（试行）》，这一办法实施以来，在规范突发环境事件的信息报告程序，解决突发环境事件信息报告中存在的迟报、漏报和瞒报等问题方面起到了积极的推动作用。但目前该办法已不能完全适应现阶段突发环境事件应对工作的实际需要，为此，环境保护部认真总结了这一办法实施以来的经验教训，制定了《突发环境事件信息报告办法》。

（一）法律基础发生变化是制定《突发环境事件信息报告办法》的根本原因

　　2007 年，我国颁布了《中华人民共和国突发事件应对法》，对于预防和减少突发事件的发生，控制、减轻和消除突发事件引起的社会危害，保护人民生命财产安全具有重要意义，是指导全国应急管理工作的纲领性法律文件。

　　随着《突发事件应对法》的颁布实施，我国环境应急管理工作进入了崭新的阶段，以此为基础，2008 年修订的《水污染防治法》对突发水环境事件的预防、

处置、损害赔偿等方面做出了明确规定；2010 年环境保护部着手对《国家突发环境事件应急预案》进行了修订，对突发环境事件的分级、预防、信息报告、处置等方面做出了新的规定。随着这些法律文件的颁布与修订，《环境保护行政主管部门突发环境事件信息报告办法（试行）》的法律依据已经发生了根本变化，为了与有关环境应急管理的法律文件及政策规定相衔接，做到实用性、可操作性与纲领性、指导性相结合，环境保护部制定了《突发环境事件信息报告办法》。

（二）环境安全形势发生深刻变化是制定《突发环境事件信息报告办法》的主要原因

当前，我国突发环境事件仍然呈高发态势，与 2006 年颁布《环境保护行政主管部门突发环境事件信息报告办法（试行）》时的情况相比，近些年，突发环境事件在数量和危害程度上均呈不断上升的趋势，造成了巨大的经济损失，严重影响环境安全和社会稳定。突发环境事件的高发态势引起了全社会的广泛关注，愈加严峻的环境安全形势要求环保部门在信息报告方面更加及时、准确、高效，制定新的信息报告办法已成为当务之急。

同时，我国环境应急管理工作在近几年已经有了极大发展，从总体上看，各地环境应急管理工作的职能、机构、人员编制都得到了加强，环境应急管理水平逐步提高，为突发环境事件信息报告的通畅、有序、高效打下了坚实的基础。在现行信息报告办法的基础上制定新办法，对于开拓信息报告工作新局面，进一步指导新形势下环境应急管理工作的发展具有重要意义。

二、《突发环境事件信息报告办法》的制定过程

2010 年 7 月，环境保护部应急办经过反复研究、修改，草拟了《环境保护行政主管部门突发环境事件信息报送办法（修订版）》讨论稿。

2010 年 8 月至 9 月，环境保护部印发《关于征求环境保护行政主管部门突发环境事件信息报送办法（修订版）意见的函》（环办函[2010]847 号），向各省、自治区、直辖市环境保护厅（局）征求意见，在这些单位意见的基础上做了进一步的补充和完善。

2010 年 9 月，在吸收环境保护部各司局及各环保督查中心意见后，形成了《环境保护主管部门突发环境事件信息报告办法（修订稿）》。

2010 年 11 月，经部长专题会原则通过，并经环境保护部政法司核改后，将原有名称修改为《突发环境事件信息报告办法》。

2011 年 3 月，经环境保护部 2011 年第一次部务会议审议通过后，于 2011 年 4 月 18 日以环境保护部令形式颁布，并于 2011 年 5 月 1 日起实施。

三、《突发环境事件信息报告办法》的特点

《突发环境事件信息报告办法》共 17 条，2 000 余字，与《环境保护行政主管部门突发环境事件信息报告办法（试行）》相比，条文更为严谨，内容更为全面，规定更具操作性，具体来说有以下几个主要特点：

（一）结合工作实际，规范信息报告程序

为了及时、全面掌握突发环境事件信息，确保环境安全，《突发环境事件信息报告办法》在总结多年突发环境事件应对工作的基础上，对信息报告程序做出了明确规定。

《突发环境事件信息报告办法》与最新的突发环境事件分级标准相衔接，规定了"核实—初步认定—分情况报告"的报告程序，并对报告时限作出明确界定。具体来讲，突发环境事件发生地设区的市级或者县级人民政府环境保护主管部门在发现或者得知突发环境事件信息后，首先应当立即进行核实，并对突发环境事件的性质和类别做出初步认定。

随后，对初步认定为一般（Ⅳ级）或者较大（Ⅲ级）突发环境事件的，事件发生地设区的市级或者县级人民政府环境保护主管部门应当在四小时内向本级人民政府和上一级人民政府环境保护主管部门报告。

而对初步认定为重大（Ⅱ级）或者特别重大（Ⅰ级）突发环境事件的，鉴于其敏感性，报告上应当更加及时，因此规定了逐级上报与越级上报相结合的报告程序，即事件发生地设区的市级或者县级人民政府环境保护主管部门应当在两小时内向本级人民政府和省级人民政府环境保护主管部门报告，同时上报环境保护

部。省级人民政府环境保护主管部门接到报告后，应当进行核实并在一小时内报告环境保护部。

对工作中通常遇到的处置过程中突发环境事件级别发生变化的情况，应当按照变化后的级别报告信息。

（二）提高敏感性，六类事件必须上报

当前，公众及媒体对突发环境事件日趋关注，特别是一些涉及饮用水水源地、居民聚居区及重金属污染的突发环境事件，在一时无法判明等级的情况下，若不及时上报，极有可能对事件应对处置造成不利影响。为此，依照"小事按大事处理，无事按有事准备"的报告原则，《突发环境事件信息报告办法》规定，发生六类一时无法判明等级的突发环境事件的，事件发生地设区的市级或者县级人民政府环境保护主管部门应当按照重大（Ⅱ级）或者特别重大（Ⅰ级）突发环境事件的报告程序上报，这六类事件是：

一是对饮用水水源保护区造成或者可能造成影响的。对于涉及饮用水安全的突发环境事件，应当进行科学判断，凡是有影响到饮用水水源保护区可能的事件都须及时报送。

二是涉及居民聚居区、学校、医院等敏感区域和敏感人群的。影响到上述区域和人群的事件常出现因环境污染造成人员伤亡的情况，产生较大的社会影响，应当在信息报告方面予以重视。

三是涉及重金属或者类金属污染的。近年来涉及重金属（如铅、镉等）及类金属（如砷等）污染的突发环境事件频发，公众及媒体对此高度关注，为进一步提高环保部门应对此类事件的敏感性，规定凡涉及重金属和类金属污染的情况，一律按照重大（Ⅱ级）或者特别重大（Ⅰ级）事件的报告程序进行报告。

四是有可能产生跨省或者跨国影响的。此类事件在按照相关程序向上级环保部门报告的同时，还须按相关报告机制，对相邻省份或国家进行通报。

五是因环境污染引发群体性事件，或者社会影响较大的。实际工作中对此类事件是否属于突发环境事件，其分级标准如何等问题常存在困惑，为此，《突发环境事件信息报告办法》明确，凡因环境污染引发群体性事件或社会影响较大的事件，均应当按重大（Ⅱ级）或者特别重大（Ⅰ级）事件的报告程序进行报告。

六是地方人民政府环境保护主管部门认为有必要报告的。此规定意在针对实际情况，对上述五类事件进行补充。

（三）扩大信息来源，理顺报告机制

由于网络等新闻媒体的日益发达，环保部门的信息来源面不断扩大，针对实际工作中常出现上级环保部门先于下级环保部门获悉突发环境事件等"信息倒流"的情况，《突发环境事件信息报告办法》对各级环保部门在信息调度方面做出明确要求，规定上级人民政府环境保护主管部门先于下级人民政府环境保护主管部门获悉突发环境事件信息的，可以要求下级人民政府环境保护主管部门核实并报告相应信息。下级人民政府环境保护主管部门应当依照办法的规定报告信息。

针对涉及相邻行政区域的突发环境事件的信息报告机制不够顺畅的问题，《突发环境事件信息报告办法》规定，事件发生地环境保护主管部门应当及时通报相邻区域同级人民政府环境保护主管部门，并向本级人民政府提出向相邻区域人民政府通报的建议。接到通报的环境保护主管部门应当及时调查了解情况，并按照相关规定报告突发环境事件信息。

（四）统一信息报告形式，明确信息报告内容

为解决实际工作中"报什么，怎样报"的问题，《突发环境事件信息报告办法》对突发环境事件信息报告的形式、内容做出了明确而具体的规定。在形式方面，为保证信息的准确性，规定应当采用书面报告的形式，通过传真、网络、邮寄和面呈等方式传输，只有在情况紧急时，初报方可通过电话报告，但应当及时补充书面报告。在内容方面，将突发环境事件的报告分为初报、续报和处理结果报告三类，并对相应内容做出了明确规定，其中最为显著的特点是规定了初报中应当提供可能受到突发环境事件影响的环境敏感点的分布示意图。

（五）加强日常管理，完善报告制度

《突发环境事件信息报告办法》对信息报告的日常管理进行了规范，目的在于督促、指导各级环保部门建立完善的报告制度，便于突发环境事件信息的查阅、分析及总结。

具体的制度包括：一是归档制度，县级以上人民政府环境保护主管部门应当建立突发环境事件信息档案，并按照有关规定向上一级人民政府环境保护主管部门报送本行政区域突发环境事件的月度、季度、半年度和年度报告以及统计情况；二是通报制度，上一级人民政府环境保护主管部门定期对报告及统计情况进行通报；三是保密制度，报告涉及国家秘密的突发环境事件信息，应当遵守国家有关保密的规定。

（六）区分不同情况，严格责任追究

为防止信息报告工作中迟报、谎报、瞒报、漏报等行为，《突发环境事件信息报告办法》按性质严重程度，将责任追究分为三个层次，以便于实际操作执行。其中，在突发环境事件信息报告工作中迟报、谎报、瞒报、漏报有关突发环境事件信息，但未造成后果的，给予通报批评；造成后果的，对直接负责的主管人员和其他直接责任人员依法依纪给予处分；构成犯罪的，由司法机关依法追究刑事责任。

中华人民共和国环境保护部令

第 32 号

　　《突发环境事件调查处理办法》已于 2014 年 12 月 15 日由环境保护部部务会议审议通过，现予公布，自 2015 年 3 月 1 日起施行。

部长　周生贤

2014 年 12 月 19 日

附件

突发环境事件调查处理办法

第一条　为规范突发环境事件调查处理工作，依照《中华人民共和国环境保护法》《中华人民共和国突发事件应对法》等法律法规，制定本办法。

第二条　本办法适用于对突发环境事件的原因、性质、责任的调查处理。

核与辐射突发事件的调查处理，依照核与辐射安全有关法律法规执行。

第三条　突发环境事件调查应当遵循实事求是、客观公正、权责一致的原则，及时、准确查明事件原因，确认事件性质，认定事件责任，总结事件教训，提出防范和整改措施建议以及处理意见。

第四条　环境保护部负责组织重大和特别重大突发环境事件的调查处理；省级环境保护主管部门负责组织较大突发环境事件的调查处理；事发地设区的市级环境保护主管部门视情况组织一般突发环境事件的调查处理。

上级环境保护主管部门可以视情况委托下级环境保护主管部门开展突发环境事件调查处理，也可以对由下级环境保护主管部门负责的突发环境事件直接组织调查处理，并及时通知下级环境保护主管部门。

下级环境保护主管部门对其负责的突发环境事件，认为需要由上一级环境保护主管部门调查处理的，可以报请上一级环境保护主管部门决定。

第五条　突发环境事件调查应当成立调查组，由环境保护主管部门主要负责人或者主管环境应急管理工作的负责人担任组长，应急管理、环境监测、环境影响评价管理、环境监察等相关机构的有关人员参加。

环境保护主管部门可以聘请环境应急专家库内专家和其他专业技术人员协助调查。

环境保护主管部门可以根据突发环境事件的实际情况邀请公安、交通运输、水利、农业、卫生、安全监管、林业、地震等有关部门或者机构参加调查工作。

调查组可以根据实际情况分为若干工作小组开展调查工作。工作小组负责人由调查组组长确定。

第六条　调查组成员和受聘请协助调查的人员不得与被调查的突发环境事件有利害关系。

调查组成员和受聘请协助调查的人员应当遵守工作纪律，客观公正地调查处理突发环境事件，并在调查处理过程中恪尽职守，保守秘密。未经调查组组长同意，不得擅自发布突发环境事件调查的相关信息。

第七条　开展突发环境事件调查，应当制订调查方案，明确职责分工、方法步骤、时间安排等内容。

第八条　开展突发环境事件调查，应当对突发环境事件现场进行勘查，并可以采取以下措施：

（一）通过取样监测、拍照、录像、制作现场勘查笔录等方法记录现场情况，提取相关证据材料；

（二）进入突发环境事件发生单位、突发环境事件涉及的相关单位或者工作场所，调取和复制相关文件、资料、数据、记录等；

（三）根据调查需要，对突发环境事件发生单位有关人员、参与应急处置工作的知情人员进行询问，并制作询问笔录。

进行现场勘查、检查或者询问，不得少于两人。

突发环境事件发生单位的负责人和有关人员在调查期间应当依法配合调查工作，接受调查组的询问，并如实提供相关文件、资料、数据、记录等。因客观原因确实无法提供的，可以提供相关复印件、复制品或者证明该原件、原物的照片、录像等其他证据，并由有关人员签字确认。

现场勘查笔录、检查笔录、询问笔录等，应当由调查人员、勘查现场有关人员、被询问人员签名。

开展突发环境事件调查，应当制作调查案卷，并由组织突发环境事件调查的环境保护主管部门归档保存。

第九条　突发环境事件调查应当查明下列情况：

（一）突发环境事件发生单位基本情况；

（二）突发环境事件发生的时间、地点、原因和事件经过；

（三）突发环境事件造成的人身伤亡、直接经济损失情况，环境污染和生态破坏情况；

（四）突发环境事件发生单位、地方人民政府和有关部门日常监管和事件应对情况；

（五）其他需要查明的事项。

第十条　环境保护主管部门应当按照所在地人民政府的要求，根据突发环境事件应急处置阶段污染损害评估工作的有关规定，开展应急处置阶段污染损害评估。

应急处置阶段污染损害评估报告或者结论是编写突发环境事件调查报告的重要依据。

第十一条　开展突发环境事件调查，应当查明突发环境事件发生单位的下列情况：

（一）建立环境应急管理制度、明确责任人和职责的情况；

（二）环境风险防范设施建设及运行的情况；

（三）定期排查环境安全隐患并及时落实环境风险防控措施的情况；

（四）环境应急预案的编制、备案、管理及实施情况；

（五）突发环境事件发生后的信息报告或者通报情况；

（六）突发环境事件发生后，启动环境应急预案，并采取控制或者切断污染源防止污染扩散的情况；

（七）突发环境事件发生后，服从应急指挥机构统一指挥，并按要求采取预防、处置措施的情况；

（八）生产安全事故、交通事故、自然灾害等其他突发事件发生后，采取预防次生突发环境事件措施的情况；

（九）突发环境事件发生后，是否存在伪造、故意破坏事发现场，或者销毁证据阻碍调查的情况。

第十二条　开展突发环境事件调查，应当查明有关环境保护主管部门环境应急管理方面的下列情况：

（一）按规定编制环境应急预案和对预案进行评估、备案、演练等的情况，以及按规定对突发环境事件发生单位环境应急预案实施备案管理的情况；

（二）按规定赶赴现场并及时报告的情况；

（三）按规定组织开展环境应急监测的情况；

（四）按职责向履行统一领导职责的人民政府提出突发环境事件处置或者信息发布建议的情况；

（五）突发环境事件已经或者可能涉及相邻行政区域时，事发地环境保护主管部门向相邻行政区域环境保护主管部门的通报情况；

（六）接到相邻行政区域突发环境事件信息后，相关环境保护主管部门按规定调查了解并报告的情况；

（七）按规定开展突发环境事件污染损害评估的情况。

第十三条　开展突发环境事件调查，应当收集地方人民政府和有关部门在突发环境事件发生单位建设项目立项、审批、验收、执法等日常监管过程中和突发环境事件应对、组织开展突发环境事件污染损害评估等环节履职情况的证据材料。

第十四条　开展突发环境事件调查，应当在查明突发环境事件基本情况后，编写突发环境事件调查报告。

第十五条　突发环境事件调查报告应当包括下列内容：

（一）突发环境事件发生单位的概况和突发环境事件发生经过；

（二）突发环境事件造成的人身伤亡、直接经济损失，环境污染和生态破坏的情况；

（三）突发环境事件发生的原因和性质；

（四）突发环境事件发生单位对环境风险的防范、隐患整改和应急处置情况；

（五）地方政府和相关部门日常监管和应急处置情况；

（六）责任认定和对突发环境事件发生单位、责任人的处理建议；

（七）突发环境事件防范和整改措施建议；

（八）其他有必要报告的内容。

第十六条　特别重大突发环境事件、重大突发环境事件的调查期限为六十日；较大突发环境事件和一般突发环境事件的调查期限为三十日。突发环境事件污染损害评估所需时间不计入调查期限。

调查组应当按照前款规定的期限完成调查工作，并向同级人民政府和上一级环境保护主管部门提交调查报告。

调查期限从突发环境事件应急状态终止之日起计算。

第十七条　环境保护主管部门应当依法向社会公开突发环境事件的调查结论、环境影响和损失的评估结果等信息。

第十八条　突发环境事件调查过程中发现突发环境事件发生单位涉及环境违法行为的，调查组应当及时向相关环境保护主管部门提出处罚建议。相关环境保护主管部门应当依法对事发单位及责任人员予以行政处罚；涉嫌构成犯罪的，依法移送司法机关追究刑事责任。发现其他违法行为的，环境保护主管部门应当及时向有关部门移送。

发现国家行政机关及其工作人员、突发环境事件发生单位中由国家行政机关任命的人员涉嫌违法违纪的，环境保护主管部门应当依法及时向监察机关或者有关部门提出处分建议。

第十九条　对于连续发生突发环境事件，或者突发环境事件造成严重后果的地区，有关环境保护主管部门可以约谈下级地方人民政府主要领导。

第二十条　环境保护主管部门应当将突发环境事件发生单位的环境违法信息记入社会诚信档案，并及时向社会公布。

第二十一条　环境保护主管部门可以根据调查报告，对下级人民政府、下级环境保护主管部门下达督促落实突发环境事件调查报告有关防范和整改措施建议的督办通知，并明确责任单位、工作任务和完成时限。

接到督办通知的有关人民政府、环境保护主管部门应当在规定时限内，书面报送事件防范和整改措施建议的落实情况。

第二十二条　本办法由环境保护部负责解释。

第二十三条　本办法自 2015 年 3 月 1 日起施行。

《突发环境事件调查处理办法》解读

《突发环境事件调查处理办法》（以下简称《办法》）已于 2014 年 12 月 15 日由环境保护部部务会审议通过，以环境保护部令第 32 号印发公布，自 2015 年 3 月 1 日起施行。《办法》是一部规范各级环境保护主管部门调查处理突发环境事件的程序性规章，对突发环境事件调查程序的适用范围、事件调查组的组织、调查取证、调查报告以及后续处理等做出了明确规定。

一、为什么要制定《办法》？

（一）规范突发环境事件调查处理程序是环境保护主管部门履行职责的需要

根据《国务院办公厅关于印发环境保护部主要职责内设机构和人员编制规定的通知》（国办发[2008]73 号）的规定，环境保护部具有"牵头协调重特大环境污染事故和生态破坏事件的调查处理"的职责，《危险化学品安全管理条例》第六条第（四）项也赋予了环境保护主管部门"调查相关危险化学品环境污染事故和生态破坏事件"的职责。然而，当前我国环境应急管理方面的立法还不健全，尚没有一部突发环境事件调查处理方面的法规或规章，亟需明确调查程序，规范事件调查活动，接受社会监督，保障有效履行职责。

（二）《办法》明确了企业和环保部门在突发环境事件预防和应对中的职责

由于我国环境应急管理工作起步较晚，相关企事业单位和环境保护主管部门在突发环境事件预防和应对过程中的职责还没有明确系统的规定，导致后续责任追究工作难以顺利开展。《办法》分别规定了企业事业单位和环保部门在预防和应对突发环境事件过程中应履行的职责。一方面按照"事件原因没有查清不放过、事件责任者没有严肃处理不放过、整改措施没有落实不放过"的原则，为依法开展责任追究工作提供依据；另一方面也为相关企事业单位和环境保护主管部门提供了履职依据，只要依法履职，工作到位，就能够免予责任追究，从而实现对依法履职者的保护。

（三）突发环境事件调查是落实责任追究的重要前置程序

党中央、国务院高度重视生态环境保护责任追究工作，党的十八大报告、十八届三中全会《关于全面深化改革若干重大问题的决定》《国民经济和社会发展第十二个五年规划纲要》《国家环境保护"十二五"规划》《国务院关于加强环境保护重点工作的意见》等文件都明确要求健全生态环境保护责任追究制度，对发生重特大突发环境事件实行严格问责。在实践中，近年来环境保护部会同地方政府和有关部门对中石油兰郑长管道渭南支线柴油泄漏水污染事件、广西龙江河镉污染等事件组织调查的基础上，对相关企业、政府及相关部门责任人员依法追究了刑事和行政责任。

合法的程序是保证结果正确的重要前提，健全重特大突发环境事件责任追究制度，就要根据责任追究的内在规律，规范事件调查的各个环节，切实做到实事求是、依法公正，查明事件原因、过程和后果，对责任进行认定。如果调查程序不规范，就难以保障后续责任追究到位和公正，起不到警示作用。

二、制定《办法》的主要依据有哪些？

关于突发环境事件调查处理，在环保法律法规中有所规定，比如，新修订的

《环境保护法》第四十七条规定：各级人民政府及其有关部门和企业事业单位应当依照《突发事件应对法》的规定，做好突发环境事件的风险控制、应急准备、应急处置和事后恢复等工作。《大气污染防治法》第二十条规定：发生大气污染事故的单位，应接受环境保护主管部门调查处理。《固体废物污染环境防治法》第六十三条规定：发生危险废物严重污染环境的单位，应接受环境保护主管部门的调查处理。《防治陆源污染物损害海洋环境管理条例》第二十条、第二十二条规定了发生陆源污染物损害海洋环境事故由相关环境保护主管部门调查处理，或者由环境保护部门会同相关部门调查处理。《危险化学品安全管理条例》第六条第（四）项规定了环境保护主管部门"调查相关危险化学品环境污染事故和生态破坏事件"的职责。此外，《国务院办公厅关于印发环境保护部主要职责内设机构和人员编制规定的通知》规定，环境保护部具有"牵头协调重特大环境污染事故和生态破坏事件的调查处理"的职责。这些规定都赋予了环境保护主管部门牵头对突发环境事件开展调查的职权，是制定《办法》的重要依据。

三、《办法》主要有哪些内容？

《办法》共二十三条，在对近年来突发环境事件调查处理工作进行全面梳理、认真总结的基础上，对五个方面内容做出了规定：

一是对事件调查的原则、管辖等一般性问题进行了规定。《办法》第二条规定本《办法》适用于对突发环境事件的原因、性质、责任的调查处理，并明确了核与辐射突发事件的调查处理不适用于本《办法》；第三条规定了突发环境事件调查应当遵循实事求是、客观公正、权责一致的原则，及时、准确查明事件原因，确认事件性质，认定事件责任，总结事件教训，提出防范和整改措施建议以及处理意见；第四条对管辖问题进行了规定，环境保护部负责组织重大和特别重大突发环境事件的调查处理，省级环境保护主管部门负责组织较大突发环境事件的调查处理，一般突发环境事件的调查处理可视情况由事发地设区的市级环境保护主管部门组织。此外，《办法》还对委托管辖、直接管辖等问题进行了规定。如上级环境保护主管部门可以委托下级环境保护主管部门开展突发环境事件的调查处理，下级环境保护主管部门也可以对部分重大、敏感事件，请求上级环境保护主管部门调查处理。比如，2005 年 11 月广东北江镉污染事件发生后，广东省环境保护厅及时请示国家环境保护总局组织开展了事件调查处理。

二是对突发环境事件的调查组的组织形式、纪律做出了规定。《办法》第五条围绕调查组进行了比较详细的规定，调查组由环境保护主管部门主要负责人或者主管环境应急管理工作的负责人担任组长，应急管理、环境监测、环境影响评价管理、环境监察等相关机构的有关人员参加，可以聘请环境应急专家库内专家和其他专业技术人员协助调查。此外，还可以根据突发环境事件的实际情况邀请公安、交通运输、水利、农业、卫生、安全监管、林业、地震等有关部门或者机构参加调查工作。第六条要求调查组在事件调查处理过程中应当遵守纪律，保守秘密。

三是对调查方案、调查程序、污染损害评估等内容进行了规定。《办法》第七条到第十条规定了突发环境事件调查的步骤和内容，要制订调查方案，通过对现场勘察、检查、询问等方式搜集证据，并制作案卷，同时明确规定，环境保护主管部门应按照当地人民政府要求，开展应急处置阶段污染损害评估，并将其报告或者结论作为编写突发环境事件调查报告的重要依据。比如，福建紫金矿业集团紫金山金铜矿湿法厂含铜酸性溶液泄漏污染事件，湖南、广东武水河流域锑浓度异常事件，广西龙江河镉污染事件等重特大突发环境事件发生后，当地人民政府都要求当地环保部门组织开展应急处置阶段污染损害评估，为事件定性、责任认定提供了基础数据。

四是对调查对象、调查报告、调查期限等问题进行了规定。《办法》第十一条至第十三条按调查对象分别规定了对事发单位、环境保护主管部门和其他部门的调查内容，尤其是第十二条首次详细规定了环保部门在突发环境事件的风险控制、应急准备、应急处置和事后恢复工作中的职责，要求各级环保部门，要认真履行职责。第十四条至第十六条对调查报告和调查期限进行了明确规定。

五是对事件后续处理和其他问题的规定。根据新修订的《环境保护法》的有关条文和立法精神，《办法》第十七条至第二十一条明确规定了事件调查应当依法公开信息，对调查中发现的违法行为要及时移送相关部门或司法机关，对连续发生突发环境事件，或者突发环境事件造成严重后果的地区，可以对事发地人民政府主要领导约谈。比如，山东临沂郯苍分洪道连续发生两次砷污染事件发生后，环境保护部约谈了山东省环境保护厅和临沂市政府主要负责同志，督促地方政府和环保部门落实各项整改措施，加强环境应急管理工作，杜绝再次发生类似事件。

同时，《办法》规定，对于突发环境事件发生单位的环境违法信息，要记入社会诚信档案。环境保护主管部门还可以根据调查报告，对下级人民政府、下级环境保护主管部门下达督促落实突发环境事件调查报告有关防范和整改措施建议的督办通知，并明确责任单位、工作任务和完成时限。

四、《办法》对突发环境事件调查的管辖如何规定？

突发环境事件依照《突发环境事件信息报告办法》的规定，分为特别重大、重大、较大和一般四个级别，分别由不同级别环境保护主管部门组织调查组，开展调查工作。一般而言，环境保护部负责组织重大和特别重大突发环境事件的调查处理；省级环境保护主管部门负责组织较大突发环境事件的调查处理；对于一般事件，则视情况由事发地设区的市级环境保护主管部门组织调查处理。比如，中石油兰郑长管道渭南支线柴油泄漏水污染事件、广西龙江河镉污染事件、重庆千丈岩水库污染事件等重特大突发环境事件发生后，环境保护部都成立了调查组，对事件的原因、性质、责任开展了全面、深入的调查，调查组坚持实事求是、客观公正、权责一致的原则，及时、准确查明事件原因，确认事件性质，认定事件责任，总结事件教训，向当地政府、有关部门和企业提出了防范和整改措施建议以及进一步的处理意见，为纪检监察和司法机关进一步追究党纪政纪和刑事责任提供了重要依据，取得了良好效果。

五、调查组如何组成？

突发环境事件调查组组长一般由环境保护主管部门主要负责人或者主管环境应急管理工作的负责人担任，组成人员主要由三部分构成：一是环境保护主管部门所属的应急管理、环境监察、环境监测、环境影响评价管理等相关机构人员；二是环境保护主管部门所聘请的环境应急专家库内专家和其他专业技术人员；三是根据突发环境事件的实际情况可以邀请公安、交通运输、水利、农业、卫生、安全监管、林业、地震等有关部门或者机构人员参加调查组。

调查组可以根据实际情况分为技术组、管理组、综合组等若干工作小组开展调查工作。比如，在广西龙江河镉污染事件调查中，组成了由环境保护部主管副部长为组长，监察部、广西壮族自治区政府负责同志为副组长的事件调查组，调查组成员包括自治区政府、监察、住建、水文水资源、水产畜牧兽医等部门，华南环保督查中心、中国环境监测总站、自治区环保厅，以及国家环境应急专家组专家，并具体划分为综合组、技术组、监测组、评估组、管理组、专家组等小组开展工作，为全面查清事实奠定了基础。

六、调查的方式有哪些？涉事单位有何义务？

调查组开展突发环境事件调查，应当对突发环境事件现场进行勘查，并可以采取以下措施搜集证据材料，查明相关事实：

一是通过取样监测、拍照、录像，询问突发环境事件受害方，制作现场勘查笔录等方法记录现场情况，提取相关证据材料；二是进入突发环境事件发生单位、突发环境事件涉及的相关单位或者工作场所，调取和查阅相关文件、资料、数据、记录等；三是根据调查工作需要，对突发环境事件发生单位有关工作人员、参与应急处置工作的知情人员进行询问，并制作询问笔录。

突发环境事件发生单位的负责人和有关人员在调查期间应当依法配合调查工作，接受调查组的询问，并如实提供相关文件、资料、数据、记录等。

七、就责任认定而言，应当查明什么内容？

《办法》分别规定了对事发单位、环保部门、地方政府以及有关部门突发环境事件预防和应对情况的调查内容，尤其是环保部门在突发环境事件应对处置中必须做到的五个"第一时间"（即第一时间报告；第一时间赶赴现场；第一时间开展监测；第一时间发布信息；第一时间组织开展调查）。第一时间报告，可以争取应对处置的资源；第一时间赶赴现场，可以及时了解事件情况，防止误判；第一时间开展监测，可以为应对处置及时提供决策依据；第一时间发布信息，可以避免谣言传播，维护社会稳定。通过这样的规定，使相关企业和地方各级环保部门明确各自的职责，为履职提供依据。比如，2012 年 12 月山西天脊煤化工集团发生苯胺泄漏事故后，天脊集团、长治市政府和有关部门没有及时报告、开展环境监测并发布信息，错过了应对处置的最佳时机，造成了跨省界重大突发水污染事件，教训非常深刻。

根据《办法》规定，对事发单位的调查，调查组应当查明下列情况：一是建立环境应急管理制度、明确责任人和职责的情况；二是环境风险防范设施建设及运行的情况；三是定期排查环境安全隐患并及时落实环境风险防控措施的情况；四是按规定编制、评估、报备、演练、修订、培训环境应急预案的情况；五是事发后的信息报告或通报情况；六是事发后，启动环境应急预案，并采取控制或切断污染源防止污染扩散的情况；七是事发后，服从应急指挥机构统一指挥，并按要求采取预防、处置措施的情况；八是生产安全事故、交通事故、自然灾害等其他突发事件发生后，采取预防次生突发环境事件措施的情况；九是事发后，是否存在伪造、故意破坏事发现场，或者销毁相关证据阻碍调查的情况。

对地方环境保护主管部门履职调查，调查组应查明下列情况：一是按规定编制环境应急预案和对预案进行评估、备案、演练等的情况，以及按规定对事发单位环境应急预案实施备案管理的情况；二是按规定赶赴现场并及时报告的情况；三是按规定组织开展环境应急监测的情况；四是按职责向履行统一领导职责的人民政府提出事件处置或信息发布建议的情况；五是事件已经或者可能涉及相邻行政区域时，事发地环境保护主管部门向相邻行政区域环境保护主管部门的通报情况；六是接到相邻行政区域事件信息后，相关环境保护主管部门按规定调查了解并报告的情况；七是按规定开展突发环境事件污染损害评估的情况。

在调查过程中，调查组应收集地方人民政府和有关部门在事发单位建设项目立项、审批、验收、执法等日常监管过程中和事件应对等环节履职情况的证据材料。

除此之外，调查组还应查明国家行政机关及其工作人员、企业中由国家行政机关任命的人员是否有违反《环境保护违法违纪行为处分暂行规定》的违法违纪行为。

比如，在广西龙江河镉污染事件调查中，调查组从企业环境安全主体责任、政府和相关部门的监管责任两个主体入手，根据搜集的证据材料，锁定两家肇事企业，查明其中一家存在擅自改变生产工艺，非法提炼粗铟，且无任何污染防治设施，将废液存于溶洞，因水位下降导致高浓度废液泄漏的问题，另一家通过城市污水管网排放含镉废液，是事件发生的直接原因。同时查明，相关企业未建立环境应急管理制度，环境风险防范设施不健全，没有定期排查环境安全隐患并落实环境风险防控措施，河池市政府及有关部门未能及时启动环境应急预案，信息发布工作不及时，此外，在日常监管中河池市和金城江区安监、工商、经贸、国土资源、发展改革等部门分别负有监管责任，是事件发生的间接原因。最终认定此次事件是一起企业违法生产、恶意违法排污，政府部门疏于监管造成的重大环境污染责任事件。

八、《办法》如何实现与责任追究的衔接？

《办法》对后续的追究责任，规定了以下几种方式：

一是依法给予行政处罚。突发环境事件调查过程中发现突发环境事件发生单位涉及环境违法行为的，调查组应当及时向相关环境保护主管部门提出处罚建议，相关环境保护主管部门应当依法对事发单位及责任人员予以行政处罚。比如，针对福建紫金矿业集团紫金山金铜矿湿法厂含铜酸性溶液泄漏污染事件，福建省环保厅在环境保护部调查组调查结论的基础上对紫金矿业集团股份有限公司紫金山金铜矿造成重大水污染事件，处以直接损失30%的罚款956.31万元。

二是及时移送有关部门处理。突发环境事件调查过程中发现涉嫌构成犯罪的，依法移送司法机关追究刑事责任。发现其他违法行为的，环境保护主管部门应当及时向有关部门移送。比如，针对福建紫金矿业集团紫金山金铜矿湿法厂含铜酸性溶液泄漏污染事件，龙岩市新罗区法院认定紫金矿业集团股份有限公司紫金山金铜矿犯重大环境污染事故罪，判处罚金人民币3 000万元，龙岩市人民法院判处紫金矿业5名责任人3年至3年零6个月的有期徒刑，并处罚金。针对广西龙江河镉污染事件，河池市金城江区法院认定金河矿业股份有限公司犯污染环境罪，判处罚金人民币100万元，对10名企业责任人判处有期徒刑3年至5年。

三是提出处分建议。突发环境事件调查过程中发现国家行政机关及其工作人员、突发环境事件发生单位中由国家行政机关任命的人员涉嫌违法违纪的，环境保护主管部门应当依法及时向监察机关或者有关部门提出处分建议。比如，在广西龙江河镉污染事件调查中，调查组在广西壮族自治区已经做出的人员处理决定基础上，提出了对河池市政府、工商、环保、安监部门负责人等七名责任人的追加处分建议。

九、《办法》还规定了哪些处理措施？

一是对于连续发生突发环境事件，或者突发环境事件造成严重后果的地区，有关环境保护主管部门可以约谈下级地方人民政府主要领导。比如，针对浙江省台州市、湖州市连续发生血铅超标事件，环境保护部约谈了浙江省环境保护厅和台州市、湖州市政府主要领导，要求政府和相关部门督促落实重金属污染风险防控的各项措施，防止再次发生类似事件。

二是环境保护主管部门应当将突发环境事件发生单位的环境违法信息记入社会诚信档案，并及时向社会公布。比如，针对福建紫金矿业集团紫金山金铜矿湿法厂含铜酸性溶液泄漏导致汀江水污染事件，中国证监会 2012 年 5 月对上市公司紫金矿业集团股份有限公司进行了行政处罚。

三是环境保护主管部门可以根据调查报告，对下级人民政府、下级环境保护主管部门下达督促落实突发环境事件调查报告有关防范和整改措施建议的督办通知，并明确责任单位、工作任务和整治时限。比如，环境保护部针对浙江德清儿童血铅超标事件、广西龙江河镉污染事件、山西天脊煤化工集团苯胺泄漏引发重大突发环境事件等重大突发环境事件印发督查通知或予以通报，对相关企业落实整改的任务和完成时限提出明确要求，环境保护部对几起重大事件及时组织了突发环境事件后督查，督促事发企业、地方人民政府和有关部门切实汲取教训、落实整改措施。

关于印发《突发环境事件应急处置阶段污染损害评估工作程序规定》的通知

环发[2013]85 号

各省、自治区、直辖市环境保护厅（局），新疆生产建设兵团环境保护局，辽河保护区管理局：

为规范突发环境事件应急处置阶段污染损害评估工作，及时确定事件级别，我部制定了《突发环境事件应急处置阶段污染损害评估工作程序规定》。现印发给你们，请结合实际，抓好落实。

附件：突发环境事件应急处置阶段污染损害评估工作程序规定

环境保护部

2013 年 8 月 2 日

附件

突发环境事件应急处置阶段污染损害评估
工作程序规定

第一条　为规范突发环境事件应急处置阶段污染损害评估工作，及时确定事件级别，保障人民生命财产和生态环境安全，依据《中华人民共和国突发事件应对法》《中华人民共和国环境保护法》《国家突发环境事件应急预案》等法律法规和有关规范性文件，制定本规定。

第二条　本规定所称突发环境事件应急处置阶段污染损害评估（以下简称污染损害评估），是指对突发环境事件应急处置期间造成的直接经济损失进行量化，评估其损害数额的活动。

直接经济损失包括人身损害、财产损害、应急处置费用以及应急处置阶段可以确定的其他直接经济损失。

第三条　县级以上环境保护主管部门按照同级人民政府应对突发环境事件的安排部署，组织开展的污染损害评估工作适用本规定。

第四条　县级以上环境保护主管部门应当遵循分级负责、及时反应、科学严谨、公正公开的原则，组织开展污染损害评估工作。有关单位和个人应当积极配合开展污染损害评估工作。

第五条　污染损害评估所依据的环境监测报告及其他书证、物证、视听资料、当事人陈述、鉴定意见、调查笔录、调查表等有关材料应当符合相关规定。

第六条　县级以上环境保护主管部门应当在突发环境事件发生后及时开展污染损害评估前期工作，并在应急处置工作结束后及时制订评估工作方案，组织开展污染损害评估工作。

第七条　对于初步认定为特别重大和重大、较大、一般突发环境事件的，分别由所在地省级、地市级、县级环境保护主管部门组织开展污染损害评估工作。

对于初步认定为一般突发环境事件的，可以不开展污染损害评估工作。

跨行政区域突发环境事件的污染损害评估，由相关地方环境保护主管部门协调解决。

第八条　县级以上环境保护主管部门可以委托有关司法鉴定机构或者环境污染损害鉴定评估机构开展污染损害评估工作，编制评估报告，并组织专家对评估报告进行技术审核。

第九条　污染损害评估应当于应急处置工作结束后 30 个工作日内完成。情况特别复杂的，经省级环境保护主管部门批准，可以延长 30 个工作日。

第十条　组织开展污染损害评估的环境保护主管部门应当于评估报告技术审核通过后 20 个工作日内，将评估报告报送同级人民政府和上一级环境保护主管部门，并将评估结论向社会公开。

第十一条　省级环境保护主管部门应当每年对污染损害评估工作开展情况以及评估报告的应用情况进行监督检查，并将检查情况报同级人民政府和环境保护部。

第十二条　本规定由环境保护部解释。

第十三条　本规定自印发之日起施行。

《突发环境事件应急处置阶段污染损害评估
工作程序规定》解读

当前，我国环境总体恶化的趋势尚未根本改变，一些地区污染排放严重超过环境容量，环境安全保障压力持续加大，突发环境事件高发频发，造成巨大损失。按照国务院关于实行环境应急全过程管理的总体部署，环境保护部将全过程管理主线贯穿于环境应急管理始终，高度重视突发环境事件污染损害评估等事后管理工作，妥善处置了所有重大突发环境事件，有效降低突发环境事件所造成的影响。为进一步规范突发环境事件应急处置阶段污染损害评估，及时确定事件级别，2013年8月2日，环境保护部印发了《突发环境事件应急处置阶段污染损害评估工作程序规定》（简称《规定》）。该《规定》自印发之日起施行。

一、《规定》的出台具有重要的现实意义

《规定》的出台，对于规范突发环境事件应急处置阶段污染损害评估、及时确定事件级别、实现环境应急全过程管理、推动环境管理战略转型具有重要的现实意义。

第一，出台《规定》是落实党的十八大会议精神和相关法律法规规定的重要举措。党的十八大报告在"大力推进生态文明建设"专章中明确提出，要健全生态环境保护责任追究制度和环境损害赔偿制度。《突发事件应对法》第五十九条规定，突发事件应急处置工作结束后，履行统一领导职责的人民政府应当立即组织对突发事件造成的损失进行评估，组织受影响地区尽快恢复生产、生活、工作和社会秩序，制定恢复重建计划。《危险化学品安全管理条例》第七十二条规定，有关地方人民政府及其有关部门应当对危险化学品事故造成的环境污染和生态破坏

状况进行监测、评估，并采取相应的环境污染治理和生态修复措施。此外，国家突发环境事件应急预案等文件中均有类似规定。《规定》的出台，是落实党的十八大会议精神、实施相关法律法规的重要举措。

第二，出台《规定》是实现环境应急全过程管理的必然要求。《国务院关于加强环境保护重点工作的意见》要求实现环境应急分级、动态和全过程管理。周生贤部长在 2012 年全国环境保护工作会议上要求环境保护主管部门初步形成环境污染损害鉴定评估工作能力。2012 年全国环境应急管理工作会议更是突出强调要将全过程管理主线贯穿环境应急管理始终，在处置突发环境事件时，要开展环境污染损害鉴定评估，将评估结果作为事件定级和调查处理的重要依据。《规定》的出台对于强化突发环境事件的事后管理、实现环境应急全过程管理具有重要作用。

第三，出台《规定》是依法科学妥善处置突发环境事件的迫切需要。环境污染损害评估结论是进行突发环境事件分级的重要依据，由于污染损害评估管理与技术相关规定的缺位，目前许多突发环境事件发生后无法开展污染损害评估，难以确定事件性质和类型。为此，从 2012 年 1 月全国环境应急管理工作会议后，按照《关于开展环境污染损害鉴定评估工作的若干意见》的部署，环境保护部先后组织开展了广西龙江河镉污染事件、贵州铜仁市万泰锰业有限公司锰渣库泄漏事件等重特大突发环境事件污染损害评估，初步建立了突发环境事件应急处置阶段污染损害评估机制，取得了良好效果。在进一步总结工作经验的基础上出台《规定》，有利于解决实践中突发环境事件应急处置阶段污染损害评估无据可依的问题，能够为依法科学妥善处置突发环境事件提供制度保障。

二、《规定》的基本思路和考虑

环境污染损害鉴定评估工作，特别是突发环境事件应急处置阶段的污染损害评估工作在我国还处于起步阶段，工作程序和内容不是很明确，实际案例评估经验不足，许多地方不同程度地存在突发环境事件污染损害评估工作启动难、开展难等问题。上述问题都需要及时出台《规定》予以解决。制定《规定》我们遵循了以下基本思路：

第一，以服务突发环境事件的定级作为根本目的。根据《国家突发环境事件应急预案》和《突发环境事件分级标准》等的规定，突发环境事件定级的依据之一是直接经济损失的数额。为此，《规定》将突发环境事件应急处置阶段污染损害评估的目的明确为评估应急处置期间事件造成的直接经济损失。为进一步明确直接经济损失的含义，《规定》明确，直接经济损失包括人身损害、财产损害、应急处置费用以及应急处置阶段可以确定的其他直接经济损失。

第二，以突出实用性和可操作性作为基本要求。污染损害评估工作在我国是一项全新的工作，环境保护主管部门开展这项工作缺乏必要的法律法规保障，缺乏明确的实体和程序性规范依据。《规定》的实用性和可操作性就显得格外重要。为了便于地方环境保护主管部门在突发环境事件发生后推动地方人民政府组织开展污染损害评估工作，《规定》以突出实用性和可操作性作为基本要求，对评估工作的组织实施、评估依据的要求、评估的管辖、评估的时限要求、评估结论的应用、评估信息公开等实体性和程序性工作要求进行了详细规定。

第三，以合理确定人民政府和环境保护主管部门的定位作为重要考虑。按照《突发事件应对法》等法律法规的规定，突发事件损失评估的职责在各级人民政府。对于突发环境事件而言，环境保护主管部门作为各级人民政府的组成部门，应当推动事件应急处置阶段的污染损害评估工作。为此，《规定》十分注意处理好地方各级人民政府和环境保护主管部门在突发环境事件应急处置阶段污染损害评估工作中的角色定位问题。《规定》明确规定，环境保护主管部门要按照同级人民政府应对突发环境事件的安排部署组织开展污染损害评估工作，只有这样才适用本规定。环境保护主管部门既要积极推动事件污染损害评估工作、妥善处置好事件，又要突出地方各级人民政府主体地位，不能越俎代庖，未获得同级人民政府授权或者不按照同级人民政府的统一安排部署开展突发环境事件应急处置阶段的污染损害评估工作。

三、《规定》的主要内容

《规定》全文共十三条，主要内容包括：

第一，明确了开展评估工作的原则。《规定》对环境保护主管部门组织开展污染损害评估工作的原则提出要求。《规定》依据我国突发环境事件应急管理工作现实情况，提出县级以上环境保护主管部门应当遵循分级负责、及时反应、科学严谨、公正公开的原则，组织开展突发环境事件应急处置阶段污染损害评估工作。

第二，明确了评估所依据材料的要求。突发环境事件污染损害评估工作需要搜集大量社会、经济、自然等方面的信息以及污染事件背景、污染物与损害对象等方面的资料和有关鉴定意见，并开展必要的走访及问卷调查活动。我国关于书证、物证、环境监测报告等相关材料均有明确的要求，为保障污染损害评估工作的严谨性及科学性，《规定》要求污染损害评估所依据的环境监测报告及其他书证、物证、视听资料、当事人陈述、鉴定意见、调查笔录、调查表等有关材料应当符合相关规定。

第三，明确了评估的启动时间和完成时限。为了明确突发环境事件应急处置阶段污染损害评估工作的启动时间，并与《突发事件应对法》《国家突发环境事件应急预案》等有关规定相衔接，《规定》要求，县级以上环境保护主管部门应当在突发环境事件发生后及时开展污染损害评估前期工作，并在应急处置工作结束后及时制订评估工作方案，组织开展污染损害评估工作。污染损害评估应当于应急处置工作结束后30个工作日内完成，情况特别复杂的，经省级环境保护主管部门批准，可以延长30个工作日。

第四，明确了评估工作的管辖。考虑到突发环境事件的性质和级别，按照属地管理的原则，《规定》明确对于初步认定为特别重大和重大、较大、一般突发环境事件的，分别由所在地省级、地市级、县级环境保护主管部门组织开展污染损害评估工作。对于初步认定为一般突发环境事件的，可以不开展污染损害评估工作。跨行政区域突发环境事件的污染损害评估，由相关地方环境保护主管部门协调解决。

第五，明确了评估报告编制的要求。污染损害评估工作是一项专业性很强的技术工作，县级以上环境保护主管部门要组织完成这项工作既可以依靠自身技术力量，也可以委托相关司法鉴定机构或者环境污染损害鉴定评估机构。为增强评估报告的科学性和中立性，还有必要对评估报告进行技术审核。为此，《规定》明确，县级以上环境保护主管部门可以委托有关司法鉴定机构或者环境污染损害鉴定评估机构开展污染损害评估工作，编制评估报告，并组织专家对评估报告进行技术审核。

第六，明确了信息公开的相关要求。《政府信息公开条例》要求公开突发公共事件应对情况。《环境保护信息公开办法》规定，环境保护主管部门应当在职权范围内主动向社会公开突发环境事件的应急预案、预报、发生和处置等情况。为贯彻落实以上法规规章的规定，便于公众和利益相关方参与和监督污染损害评估工作，增强评估结论的公信力，《规定》坚持信息公开原则，要求组织开展污染损害评估的环境保护主管部门于评估报告技术审核通过后20个工作日内，将评估报告报送同级人民政府和上一级环境保护主管部门，并将评估结论向社会公开。

第七，明确了对评估工作的监管要求。由于评估结论直接关系到突发环境事件的定级，部分地方可能会对开展评估工作心存顾虑。还有部分地方由于认识水平和技术力量限制，可能不能准确按照《规定》和相关技术规范要求开展评估工作，不将评估报告和结论应用于突发环境事件定级。为解决可能会出现的不愿干、不会干的问题，有必要加强突发环境事件应急处置阶段污染损害评估工作的监督管理。为此，《规定》明确，省级环境保护主管部门应当每年对污染损害评估工作开展情况以及评估报告的应用情况进行监督检查，并将检查情况报同级人民政府和环境保护部。

四、对相关重点问题的说明

在《规定》的起草过程中，部分地方对一些问题还存在不同认识。这些不同认识在《规定》的施行过程中依然会存在，有必要做进一步说明。

第一，关于与其他规范性文件相衔接的问题。在《规定》的起草过程中，部分地方提出应当对评估机构的资质问题做出规定，部分地方提出应当对污染损害评估的技术性问题作出规定，还有的地方提出应当对不开展评估或者不按规定开展评估的行为作出责任追究等方面的规定。我们认为，以上问题难以通过《规定》予以解决，需要在环保部即将发布的其他规范性文件中做出规定。环保部已2011年印发的《关于开展环境污染损害鉴定评估工作的若干意见》（环发[2011]60号）已经提出了环境污染损害数额计算推荐方法，对人身损害、财产损害、应急处置费用以及其他相关费用的评估方法做出了规定。近期，环保部正在起草突发环境事件调查与责任追究办法、评估机构资质管理的相关规定以及一些配套的评估技术方法、标准等文件，将对上述问题一并解决，《规定》对此已经做出了衔接性的规定。

第二，关于污染损害评估启动时间的问题。在《规定》起草过程中，部分地方提出应当在应急处置的同时就启动污染损害评估工作，以便及早介入有利于掌握第一手数据，尽快得出评估结论，及时确定事件的性质和类型。部分地方提出应急处置阶段头绪繁多，难以有精力顾及污染损害评估工作，建议评估在应急处置完毕后启动。我们认为，这两种意见均有一定合理性。根据《突发事件应对法》第五十九条的规定，《规定》将污染损害评估工作的启动时间明确为突发事件应急处置工作结束后，但是在突发环境事件发生后至应急处置工作结束前的这段时间要及时开展污染损害评估前期工作。这样规定既符合《突发事件应对法》的规定，又有利于收集保存第一手数据，为应急处置结束后开展评估工作做好准备。

第三，关于一般突发环境事件开展污染损害评估的问题。在《规定》起草过程中，部分地方认为所有突发环境事件均应当进行评估，还有部分地方认为一般突发环境事件没有必要进行污染损害评估。《规定》明确，对于初步认定为一般突发环境事件的，可以不开展污染损害评估工作。这样规定主要有两方面的考虑：一方面，一般突发环境事件酌情开展评估符合实际工作需要。按照我国突发环境事件分级标准，一般突发环境事件影响范围和造成损失较小，不是环境应急管理工作关注的重点。现实中，许多事件应急处置时间短、证据难以保存，而评估费用较高，耗时较长，要求对一般突发环境事件酌情开展评估符合实际工作需要。另一方面，一般突发环境事件酌情开展评估符合我国评估能力现状。近六年统计资料表明，我国一般突发环境事件每年平均在 500 起左右，占事件总数的 90%以上。一般而言，一起事件应急处置阶段的评估需要 20～30 天，而目前我国有能力开展污染损害评估的司法鉴定机构或者环境污染损害鉴定评估机构还不多，尚不具备针对所有突发环境事件都开展评估的能力。

关于印发《突发环境事件应急处置阶段环境 损害评估推荐方法》的通知

环办[2014]118 号

各省、自治区、直辖市环境保护厅（局），新疆生产建设兵团环境保护局，辽河保护区管理局：

为规范和指导突发环境事件应急处置阶段环境损害评估工作，我部组织编制了《突发环境事件应急处置阶段环境损害评估推荐方法》，现印发给你们，请参照执行。

附件：突发环境事件应急处置阶段环境损害评估推荐方法

环境保护部办公厅
2014 年 12 月 31 日

突发环境事件应急处置阶段环境损害
评估推荐方法

前 言

为规范和指导突发环境事件应急处置阶段的环境损害评估工作，支撑突发环境事件等级的确定和污染者法律责任的追究，根据《中华人民共和国突发事件应对法》《中华人民共和国环境保护法》《国家突发环境事件应急预案》《突发环境事件信息报告办法》以及《突发环境事件应急处置阶段污染损害评估工作程序规定》等法律法规和有关规范性文件制定本推荐方法。

本推荐方法附 A、B、C、D、E、F、G、H 为资料性附件。

1 适用范围

本推荐方法适用于在中华人民共和国领域内突发环境事件应急处置阶段的环境损害评估（以下简称损害评估）工作，不适用于核与辐射事故引起的突发环境事件应急处置阶段的损害评估工作。

本推荐方法规定了损害评估的工作程序、评估内容、评估方法和报告编写等内容。

2 引用文件

本推荐方法引用了下列文件中的条款。凡是不注明日期的引用文件，其最新版本适用于本推荐方法。

GB 6721 企业职工伤亡事故经济损失统计标准

NY/T 1263 农业环境污染事故损失评价技术准则

SF/Z JD0601001 农业环境污染事故司法鉴定经济损失估算实施规范

GB/T 21678　渔业污染事故经济损失计算方法

HY/T 095　海洋溢油生态损害评估技术导则

HJ 589　突发环境事件应急监测技术规范

HJ/T 298　危险废物鉴别技术规范

NY/T 398　农、畜、水产品污染监测技术规范

HJ/T 91　地表水和污水监测技术规范

HJ/T 164　地下水环境监测技术规范

HJ/T 166　土壤环境监测技术规范

HJ/T 193　环境空气质量自动监测技术规范

HJ/T 194　环境空气质量手动监测技术规范

NY/T 1669　农业野生植物调查技术规范

DB53/T 391　自然保护区与国家公园生物多样性监测技术规程

HJ 630　环境监测质量管理技术导则

HJ 627　生物遗传资源经济价值评价技术导则

GB/T 8855　新鲜水果和蔬菜　取样方法

HJ 710.1～HJ 710.11　生物多样性观测技术导则

《关于审理人身损害赔偿案件适用法律若干问题的解释》（2003）

《环境损害鉴定评估推荐方法（第Ⅱ版）》（2014）

《关于发布全国生物物种资源调查相关技术规定（试行）的公告》（环境保护部公告 2010 年第 27 号）

《水域污染事故渔业损失计算方法规定》（农业部[1996]14 号）

《污染死鱼调查方法（淡水）》（农渔函[1996]62 号）

3　术语和定义

下列术语和定义适用于本推荐方法。

3.1　环境损害评估

本推荐方法指按照规定的程序和方法，综合运用科学技术和专业知识，对突发环境事件所致的人身损害、财产损害以及生态环境损害的范围和程度进行初步评估，对应急处置阶段可量化的应急处置费用、人身损害、财产损害、生态环境

损害等各类直接经济损失进行计算，对生态功能丧失程度进行划分。

3.2　直接经济损失

指与突发环境事件有直接因果关系的损害，为人身损害、财产损害、应急处置费用以及应急处置阶段可以确定的其他直接经济损失的总和。

3.3　应急处置费用

指突发环境事件应急处置期间，为减轻或消除对公众健康、公私财产和生态环境造成的危害，各级政府与相关单位针对可能或已经发生的突发环境事件而采取的行动和措施所发生的费用。

3.4　人身损害

指因突发环境事件导致人的生命、健康、身体遭受侵害，造成人体疾病、伤残、死亡或精神状态的可观察的或可测量的不利改变。

3.5　财产损害

指因突发环境事件直接造成的财产损毁或价值减少，以及为保护财产免受损失而支出的必要的、合理的费用。

3.6　生态环境损害

指由于突发环境事件直接或间接地导致生态环境的物理、化学或生物特性的可观察的或可测量的不利改变，以及提供生态系统服务能力的破坏或损伤。

3.7　基线

突发环境事件发生前影响区域内人群健康、财产以及生态环境等的原有状态。

3.8　环境修复

为防止污染物扩散迁移、降低生态环境中污染物浓度、将突发环境事件导致的人体健康风险或生态风险降至可接受风险水平而开展的必要的、合理的行动或措施。

3.9　损害评估监测

指突发环境事件发生以后，根据环境损害评估工作的需要，在应急监测工作的基础上针对污染因子、环境介质、损害受体等开展的监测工作。

3.10　应急处置阶段

应急处置阶段指突发环境事件发生后，从应急处置行动开始到应急处置行动结束。

4　评估内容与评估程序

4.1　评估内容

应急处置阶段损害评估工作内容包括：计算应急处置阶段可量化的应急处置费用、人身损害、财产损害、生态环境损害等各类直接经济损失；划分生态功能丧失程度；判断是否需要启动中长期损害评估。

4.2　评估程序

应急处置阶段损害评估工作程序包括：开展评估前期准备，启动评估工作（初步判断较大以上的突发环境事件制订工作方案），信息获取，损害确认，损害量化，判断是否启动中长期损害评估以及编写评估报告。应急处置阶段损害评估工作程序见图1。

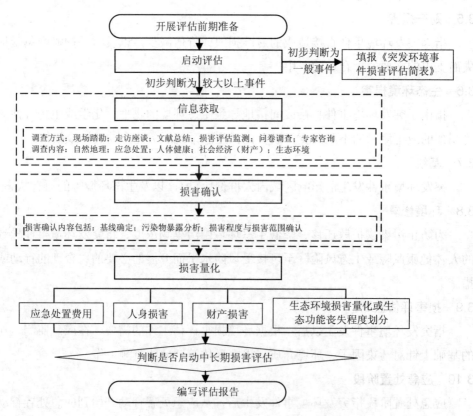

图1　突发环境事件应急处置阶段的损害评估工作程序

5　开展评估前期准备

在突发环境事件发生后，开展初步的环境损害现场调查与监测工作，初步确定污染因子、污染类型与污染对象，根据污染物的扩散途径初步确定损害范围。

6　启动评估

启动应急处置阶段环境损害评估工作，对于按照《突发环境事件信息报告办法》中分级标准初步判断为一般突发环境事件的损害评估工作，填报《突发环境事件损害评估简表》，参见附 A；对于初步判断为较大及以上突发环境事件的，制定《突发环境事件应急处置阶段环境损害评估工作方案》（以下简称《工作方案》）。《工作方案》包括描述事件背景以及应急处置阶段已经采取的行动，初步认定污染类型以及影响区域，提出评估内容、评估方法与技术路线，明确数据来源与技术需求，确定工作任务、工作进度安排与经费预算。若需要开展损害评估监测，应当制订详细的损害评估监测方案。

7　信息获取

7.1　信息获取内容

自然地理信息：污染发生前以及发生后影响区域的自然灾害、地形地貌、降雨量、气象、水文水利条件以及遥感影像数据等信息。

应急处置信息：应急处置工作的参与机构、职责分工、应急处置方案内容以及应急监测数据等信息。

人体健康信息：影响区域人口数量、分布、正常状况下的人口健康状况、历史患病情况等基线信息以及突发环境事件发生后出现的诊疗与住院等人体健康损害信息。

社会经济活动信息：包括影响区域旅游业、渔业、种植业等基线状况以及突发环境事件造成的财产损害等信息。

生态环境信息：影响区域内生物种类与空间分布、种群密度、环境功能区划等背景资料和数据；污染者的生产、生活和排污情况；排放或倾倒的污染物的种类、性质、排放量、可能的迁移转化方式以及事件发生前后影响区域内的污染物浓度等资料和信息。

7.2　信息获取方式

a）现场踏勘

在影响区域勘察并记录现场状况，了解人群健康、财产、生态环境损害程度，判断应急处置措施的合理性。

b）走访座谈

走访座谈影响区域的相关部门、企业、有关群众，收集环境监测、水文水力、土壤、渔业资源等历史环境质量数据和应急监测信息，调查污染损害的污染发生时间、发生地点、发生原因、影响程度以及污染源等信息，了解应急处置方案、方案实施效果、应急处置费用、人身损害、财产损害与其他损害的相关信息。

c）文献总结

回顾并总结关于污染物理化性质及其健康与生态毒性影响、影响区域基线信息等相关文献。

d）损害评估监测

损害评估监测对象主要包括环境空气、水环境（包括地下水环境）、土壤、农作物、水产品、野生动植物以及受影响人群等。根据初步确定的影响区域与污染受体的特征，确定监测方案，开展优化布点、现场采样、样品运送、检测分析、数据收集、结合卫星拍摄和无人机航拍等手段开展综合分析等。

基于现场踏勘初步结果，合理设置影响区域污染受体及基线水平的监测点位。

样品的布点、采样、运输、质量保证、实验分析应该依照相关标准和技术规范进行。财产损害监测可以参考 NY/T 398、GB/T 8855 等技术规范；环境介质监测可以参考 HJ/T 91、HJ/T 164、HJ/T 166、HJ/T 193、HJ/T 194、HJ 589 等技术规范；生物资源监测可以参考 NY/T 1669、DB53/T 391、HJ 710.1～HJ 710.11、《关于发布全国生物物种资源调查相关技术规定（试行）的公告》等技术规范。

e）问卷调查

向政府相关部门、企事业单位、组织和个人发放调查问卷（表），调查内容与指标根据具体事件的特点确定，问卷（表）内容参见附 B、附 C 与附 D。

调查结束后，对数据进行分析与审核，确保数据真实可靠，审核要求与方法参见附件 E，对审核不合格的问卷要求重新填报。

f）专家咨询

对于损害的程度和范围确定、损害的计算等问题可采用专家咨询法。

8 损害确认

8.1 基线确定

通过历史数据或对照区域数据对比分析，判断突发环境事件发生前受影响区域的人群健康、农作物等财产以及生态环境基线状况。

对照区域应该在距离污染发生地较近，没有受到污染事件的影响，且在污染发生前农作物等生物资源类型、物种丰度、生态系统服务等与污染区域相同或相似的区域选取，例如，对于流域水污染事件，对照区域可以选取污染发生河流断面的上游。

8.2 污染物暴露分析

根据突发环境事件的污染物排放特征、污染物特性以及事件发生地的水动力学、空气动力学条件选择合适的模型进行污染物的暴露分析。

8.3 损害确认原则

8.3.1 应急处置费用

a）费用在应急处置阶段产生；

b）应急处置费用是以控制污染源或生态破坏行为、减少经济社会影响为目的，依据有关部门制定的应急预案或基于现场调查的处置、监测方案采取行动而发生的费用。

8.3.2 人身损害

人身损害的确认主要以流行病学调查资料及个体暴露的潜伏期和特有临床表现为依据，应满足以下条件：

a）环境暴露与人身损害间存在严格的时间先后顺序。环境暴露发生在前，个体症状或体征发生在后；

b）个体或群体存在明确的环境暴露。人体经呼吸道、消化道或皮肤接触等途径暴露于环境污染物，且环境介质中污染物与污染源排放或倾倒的污染物具有一致性或直接相关性；

c）个体或群体因环境暴露而表现出特异性症状、体征或严重的非特异性症状，排除其他非环境因素如职业病、地方病等所致的相似健康损害；

d）由专业医疗或鉴定机构出具的鉴定意见。

8.3.3　财产损害

财产损害的确认应满足下列条件：

a）被污染财产暴露于污染发生区域；

b）污染与损害发生的时间次序合理，污染排放发生在先，损害发生在后；

c）财产所有者为防止财产和健康损害的继续扩大，对被污染财产进行清理并产生的费用；

d）财产所有者非故意将财产暴露于被污染的环境中，而且在采取了合理的、必要的应急处置措施以后，被污染财产仍无法正常使用或使用功能下降。

8.3.4　生态环境损害

生态环境损害的确认应满足下列条件：

a）环境暴露与环境损害间存在时间先后顺序。即环境暴露发生在前，环境损害发生在后；

b）环境暴露与环境损害间的关联具有合理性。环境暴露导致环境损害的机理可由生物学、毒理学等理论做出合理解释；

c）环境暴露与环境损害间的关联具有一致性。环境暴露与环境损害间的关联在不同时间、地点和研究对象中得到重复性验证；

d）环境暴露与环境损害间的关联具有特异性。环境损害发生在特定的环境暴露条件下，不因其他原因导致。由于环境暴露与环境损害间可能存在单因多果、多因多果等复杂因果关系，因此，环境暴露与环境损害间关联的特异性不作强制性要求。

e）存在明确的污染来源和污染排放行为。直接或间接证据表明污染源存在明确的污染排放行为，包括物证、书证、证人证言、笔录、视听资料等；

f）空气、地表水、地下水、土壤等环境介质中存在污染物，且与污染源产生或排放的污染物（或污染物的转化产物）具有一致性；

g）污染物传输路径的合理性。当地气候气象、地形地貌、水文条件等自然环境条件存在污染物从污染源迁移至污染区域的可能，且其传输路径与污染源排放途径相一致；

h）评估区域内环境介质（地表水、地下水、空气、土壤等）中污染物浓度超过基线水平或国家及地方环境质量标准；或评估区域环境介质中的生物种群出现死亡、数量下降等现象。

8.4　损害程度与损害范围确认

根据前期的现场调查与信息获取情况，确定损害程度以及损害范围。损害范围包括损害类型、损害发生的时间范围与空间范围。

9　损害量化

对突发环境事件应急处置阶段可量化的应急处置费用、人身损害、财产损害等各类直接经济损失进行计算；对突发环境事件发生后短期内可量化的生态环境损害进行货币化；对生态功能丧失程度进行判断。

9.1　应急处置费用

应急处置费用包括应急处置阶段各级政府与相关单位为预防或者减少突发环境事件造成的各类损害支出的污染控制、污染清理、应急监测、人员转移安置等费用。应急处置费用按照直接市场价值法评估。下面列举几项常见的费用计算方法。

9.1.1　污染控制费用

污染控制包括从源头控制或减少污染物的排放，以及为防止污染物继续扩散而采取的措施，如投加药剂、筑坝截污等。见公式（1）：

$$污染控制费用=材料和药剂费+设备或房屋租赁费+行政支出费用+$$
$$应急设备维修或重置费用+专家技术咨询费 \qquad （1）$$

其中，行政支出费用指在应急处置过程中发生的餐费、人员费、交通费、印刷费、通讯费、水电费以及必要的防护费用等；应急设备维修或重置费用指在应急处置过程中应急设备损坏后发生的维修成本或重置成本。其中维修成本按实际发生的维修费用计算。重置成本的计算见公式（2）和公式（3）：

$$重置成本=重置价值（元）×（1-年均折旧率\%×已使用年限）×损坏率 \qquad （2）$$

$$其中：年均折旧率=（1-预计净残值率）×100\%/总使用年限 \qquad （3）$$

重置价值指重新购买设备的费用。

9.1.2　污染清理费用

污染清理费用指对污染物进行清除、处理和处置的应急处置措施，包括清除、处理和处置被污染的环境介质与污染物以及回收应急物资等产生的费用。计算项目与方法参见 9.1.1 节。

9.1.3　应急监测费用

应急监测费用指在突发环境事件应急处置期间，为发现和查明环境污染情况和污染损害范围而进行的采样、监测与检测分析活动所发生的费用。可以按照以下两种方法计算：

方法一：按照应急监测发生的费用项计算，具体费用项以及计算方法参见 9.1.1 节。

方法二：按照事件发生所在地区物价部门核定的环境监测、卫生疾控、农林渔业等部门监测项目收费标准和相关规定计算费用，见公式（4）：

$$应急监测费用=样品数量（单样/项）×样品检测单价+样品数量（点/个/项）×$$
$$样品采样单价 + 交通运输等其他费用 \qquad (4)$$

9.1.4　人员转移安置费用

人员转移安置费用指应急处置阶段，对受影响和威胁的人员进行疏散、转移和安置所发生的费用。计算项目与方法参见 9.1.1 节。

9.2　人身损害

人身损害包括：a）个体死亡；b）按照《人体损伤残疾程度鉴定标准》明确诊断为伤残；c）临床检查可见特异性或严重的非特异性临床症状或体征、生化指标或物理检查结果异常，按照《疾病和有关健康问题的国际统计分类》（ICD-10）明确诊断为某种或多种疾病；d）虽未确定为死亡、伤残或疾病，为预防人体出现不可逆转的器质性或功能性损伤而必须采取临床治疗或行为干预。

9.2.1　人身损害计算范围

a）就医治疗支出的各项费用以及因误工减少的收入，包括医疗费、误工费、护理费、交通费、住宿费、住院伙食补助费、必要的营养费。

b）致残的，还应当增加生活上需要支出的必要费用以及因丧失劳动能力导致的收入损失，包括残疾赔偿金、残疾辅助器具费、被扶养人生活费，以及因康复护理、继续治疗实际发生必要的康复费、护理费、后续治疗费。

c）致死的，还应当包括丧葬费、被抚养人生活费、死亡补偿费以及受害人亲属办理丧葬事宜支出的交通费、住宿费和误工损失等其他合理费用。

9.2.2　人身损害计算方法

人身损害中医疗费、误工费、护理费、交通费、住宿费、住院伙食补助费、营养费、残疾赔偿金、残疾辅助器具费、被抚养人生活费、丧葬费、死亡补偿费等费用的计算可以参考《最高人民法院关于审理人身损害赔偿案件适用法律若干问题的解释》。

9.3　财产损害

本推荐方法列举几项突发环境事件常见的财产损害评估方法，其他参照执行。常见的财产损害有固定资产损害、流动资产损害、农产品损害、林产品损害以及清除污染的额外支出等。

9.3.1　固定资产损害

指突发环境事件造成单位或个人的设备等固定资产由于受到污染而损毁，如管道或设备受到腐蚀无法正常运行等情况，此类财产损害可按照修复费用法或重置成本法计算，具体计算方法参见 9.1.1 节中应急设备维修或重置费用的计算方法。

9.3.2　流动资产损害

指生产经营过程中参加循环周转，不断改变其形态的资产，如原料、材料、燃料、在制品、半成品、成品等的经济损失。在计算中，按不同流动资产种类分别计算，并汇总，见公式（5）。

$$流动资产损失=流动资产数量×购置时价格-残值 \qquad （5）$$

上式中，残值指财产损坏后的残存价值，应由专业技术人员或专业资产评估机构进行定价评估。

9.3.3　农产品损害

指突发环境事件导致的农产品产量损失和农产品质量经济损失，可以参考《农业环境污染事故司法鉴定经济损失估算实施规范》（SF/Z JD0601001）、《渔业污染事故经济损失计算方法》(GB/T 21678)和《农业环境污染事故损失评价技术准则》(NY/T 1263)等技术规范计算。

9.3.4　林产品损害

指由于突发环境事件造成的林产品和树木的损毁或价值减少，林产品和树木损毁的损失利用直接市场价值法计算。评估方法参见 9.3.3 节中农产品财产损害计算方法。

9.3.5　清除污染的额外支出

指个人或单位为防止财产继续暴露于污染环境中导致损失进一步扩大而支出的污染物清理或清除费用，如清理受污染财产的费用、生产企业额外支出的污染治理费用等。计算项目与方法参见 9.1.1 节。

9.4　生态环境损害

9.4.1　生态功能丧失程度的判断

生态环境损害按照生态功能丧失程度进行判断，具体划分标准如表 1 所示。

表 1　影响区域生态功能丧失程度划分标准

具体指标	全部丧失	部分丧失
污染物在环境介质中浓度	环境介质中的污染物浓度水平较高，且预计较长时间内难以恢复至基线浓度水平	环境介质中的污染物浓度水平较高，且预计 1 年内难以恢复至基线浓度水平
优势物种死亡率	≥50%	<50%
生态群落结构	发生永久改变	发生改变，需要 1 年以上的恢复时间
休闲娱乐服务功能	旅游人数与往年同期或事件发生前相比下降 80%以上，且预计较长时间内难以恢复原有水平	旅游人数与往年同期或事件发生前相比下降 50%～80%，且预计在 1 年内难以恢复原有水平

9.4.2　生态环境损害量化计算方法

突发环境事件发生后，如果环境介质（水、空气、土壤、沉积物等）中的污染物浓度在两周内恢复至基线水平，环境介质中的生物种类和丰度未观测到明显改变，可以参考 HJ 627—2011 中的评估方法或附 F 的虚拟治理成本法进行计算，计算出的生态环境损害，可作为生态环境损害赔偿的依据，不计入直接经济损失。

突发环境事件发生后，如果需要对生态环境进行修复或恢复，且修复或恢复方案在开展应急处置阶段的环境损害评估规定期限内可以完成，则根据生态环境的修复或恢复方案实施费用计算生态环境损害，根据修复或恢复费用计算得到的生态环境损害计入直接经济损失，具体的计算方法参见《环境损害鉴定评估推荐方法（第Ⅱ版）》。

10　判断是否启动中长期损害评估

10.1　人身损害中长期评估判定原则

发生下列情形之一的，需开展人身损害的中长期评估：

a）已发生的污染物暴露对人体健康可能存在长期的、潜伏性的影响；

b）突发环境事件与人身损害间的因果关系在短期内难以判定；

c）应急处置行动结束后，环境介质中的污染物浓度水平对公众健康的潜在威胁无法在短期内完全消除，需要对周围的敏感人群采取搬迁等防护措施的；

d）人身损害的受影响人群较多，在突发环境事件应急处置阶段的环境损害评估规定期限内难以完成评估的。

10.2　财产损害中长期评估判定原则

发生下列情形之一的，需开展财产损害的中长期评估：

a）已发生的污染物暴露对财产有可能存在长期的和潜伏性的影响；

b）突发环境事件与财产损害间的因果关系在短期内难以判定；

c）应急处置行动结束后，环境介质中的污染物浓度水平对财产的潜在威胁没有完全消除，需要采取进一步的防护措施的；

d）财产损害的受影响范围较大，在突发环境事件应急处置阶段的环境损害评估规定的期限内难以完成评估的。

10.3　生态环境损害中长期评估判定原则

发生下列情形之一的，需开展生态环境损害的中长期评估：

a）应急处置行动结束后，环境介质中的污染物的浓度水平超过了基线水平并在1年内难以恢复至基线水平，具体原则参见附G.1；

b）应急处置行动结束后，环境介质中的污染物的浓度水平或应急处置行动产生二次污染对公众健康或生态环境构成的潜在威胁没有完全消除，具体原则参见附G.2与G.3。

11　编写评估报告

评估报告应包括评估目标、评估依据、评估方法、损害确认和量化以及评估结论。评估报告提纲参见附 H。

12　附则

a）本推荐方法所指的直接经济损失不包括环境损害评估费用。

b）污染物排放、倾倒或泄漏不构成突发环境事件，没有造成中长期环境损害的情形也可以参照本推荐方法进行评估。

c）应急处置结束后，在短期内可量化的收集污染物的处理和处置费用纳入应急处置费用。

d）对于各项应急处置费用或损害项的填报要求必须提供详细证明材料，提供详细证明材料确有困难的，由负责填写的单位加盖公章并对所填数据的真实性负责。

e）由于突发环境事件引起的交通中断、水电站的发电损失等影响损失不属于直接经济损失。

f）单位或个人在对突发环境事件带来的后果知情的情况下，故意将财产暴露于被污染的环境中，或没有按照相关部门的通知采取必要的清理和预防措施而导致损失进一步扩大，评估机构应在评估报告中对因此增加的损失数额予以说明，并在计算直接经济损失时酌情删减。

g）应急机构或个人由于应急处置行动的需要而购买的设备等固定资产或非一次性用品，在计算直接经济损失时可以采用市场租赁费乘以应急处置时间，或按设备购置费的年折旧费计算直接经济损失。

h）应急处置阶段发生费用的收据或发票等证明材料的日期应该在应急处置行动结束后 7 日内，否则不应计入应急处置费用。

i）在评估报告中需说明发生各项费用和损害的主体单位或个人。

j）以修复或恢复费用法计算得到的生态环境损害数额必须有翔实的修复或恢复方案、方案预算明细以及可行性论证材料作为依据，否则不能计入直接经济损失。

　　k）本推荐方法涵盖的各项损害是指由于环境污染、生态破坏或者应急处置阶段而造成的直接经济损失，不包括由于地震等自然灾害、火灾、爆炸或生产安全事故等原因造成的损失。

　　l）《突发环境事件应急处置阶段环境损害评估推荐方法》即为《环境损害鉴定评估推荐方法（第Ⅱ版）》中的《突发环境事件应急处置阶段环境损害评估技术规范》。

附 A

突发环境事件损害评估简表

填报单位： （公章）

主要负责人：

填报日期： 年 月 日

环境保护部编制

填表说明

1．适用于按照《突发环境事件信息报告办法》中分级标准初步判断为一般突发环境事件的损害评估工作。污染物排放或倾倒不构成突发环境事件，没有造成中长期环境损害的情形也可参照本表进行评估。

2．本表由组织开展突发环境事件损害评估的单位或个人填报，填报单位或个人对填报信息的真实性负责。

3．本表需填表人签字，并加盖牵头填报单位的公章。

4．本表中关于人身和财产损害情况需提供详细的发票或单据复印件，且必须加盖相关政府部门、企业公章；同时提交加盖政府部门或者企业公章的核实证明文字材料。

5．除了填写本表中的信息外，评估单位需提供事件发生地的地理信息图，标明事件发生的地理位置与影响范围等相关地理位置信息。

6．指标解释与说明：（1）影响范围描述：指对突发环境事件污染发生的地理范围，受影响的对象进行描述；（2）责任主体信息：本表要求填报责任主体信息，若有责任主体不明确的情况，需提供潜在责任方的原辅生产材料等信息，或填报"无"；（3）直接经济损失：本表要求填报的各项损害或费用指由于污染、生态破坏或者应急处置行动而造成的直接经济损失，不包括由于地震等自然灾害、火灾、爆炸或生产安全等原因而引起的损失；（4）第三方：指除潜在责任方以外的其他机构、组织或个人；各项损害数额计算方法和计算范围参见《推荐方法》正文。

突发环境事件损害评估简表

事件名称		主要污染物	
报案人		第一接报单位	
应急牵头单位		应急组成员单位	
事件发生时间		污染排放持续时间	
应急处置开始时间		应急处置结束时间	
事件发生地的经纬度		发生地点	省　市　县　乡　村（镇）

污染物排放量 （千克）		污染物回收量 （千克）	
污染物泄漏的程度	□存在泄漏的重大风险　　□仅发生泄漏没有造成任何影响 □泄漏且污染物质进入水体或扩散到空气中　□泄漏且造成了生态环境损害，并需要修复		
事件事发状态	□生产期间　□检修后重启　□试生产　□调试　□其他		
事件原因			
影响范围描述			
监测范围			
监测点数		监测时间	
责任主体信息 （按照相关法律）	企业名称　__企业性质 □上市　□三资　□股份　□其他 企业规模 □大　□中　□小　所属行业___主要产品		
损害发生的主要类型	□人身损害　□财产损害　□生态环境损害　□应急处置费用 □其他，具体说明		
造成生态环境损害的对象	□地表水　□地下水　□饮用水　□土壤　□自然保护区 □其他，具体说明		
采取的应急处置措施			
有无采取疏散人群行动	□有　□无	应急疏散范围/人数	
定损机构	□医院　□消防部门　□环保部门　□农业部门　□林业部门　□危废处置企业　□其他		
直接经济损失（元）			
主要经济损失明细			
应急处置费用			
污染控制费用（元）		污染清理费用（元）	
应急监测费用（元）		人员安置费用（元）	
其他费用（元）		发生的其他费用具体事项	
潜在责任方发生的应急处置费用总计（元）		第三方发生的应急处置费用总计（元）	

应急处置费用总计（元）				

人身损害								

死亡	潜在责任方（人）		应急处置人员（人）		其他人员（人）		医疗费或住院费支出（元）	
入院治疗	潜在责任方（人）		应急处置人员（人）		其他人员（人）		医疗费或住院费支出（元）	
受伤但无须住院治疗	潜在责任方（人）		应急处置人员（人）		其他人员（人）		医疗费或住院费支出（元）	

人身损害总计（元）								

财产损害

固定资产损害（潜在责任方）	固定资产名称1		损害数额（元）		计算方法	
	固定资产名称2		损害数额（元）		计算方法	
	固定资产名称3		损害数额（元）		计算方法	

流动财产损害（潜在责任方）	□家畜　□水产养殖　□农产品　□果木　□花卉 □其他，具体说明＿＿＿＿＿＿＿＿＿＿				
	损失数额（元）				

清除污染的额外支出（潜在责任方）	清理受污染财产的费用（元）		额外治理污染费用（元）	

其他财产损害类型（潜在责任方）			其他财产损害数额（元）		

固定资产损害（除责任方以外的其他机构或个人）	固定资产名称1		损害数额（元）		计算方法	
	固定资产名称2		损害数额（元）		计算方法	
	固定资产名称3		损害数额（元）		计算方法	

流动财产损害（除责任方以外的其他机构或个人）	□家畜　□水产养殖　□农产品　□果木　□花卉 □其他，具体说明 _____		
	损失数额（元）		
清除污染的额外支出（除责任方以外的其他机构或个人）			
财产损害总计（元）			
生态环境损害			
如果环境介质（水、空气、土壤、沉积物）中的污染物浓度可在两周内恢复至基线水平，环境介质中的生物种类和丰度未观测到明显改变	环境介质类型	□地表水　□地下水　□环境空气　□土壤	
	环境功能区类型	□Ⅰ类　□Ⅱ类　□Ⅲ类　□Ⅳ类　□Ⅴ类	
	虚拟治理成本		
	生态环境损害数额（元）		
如果需要对生态环境进行修复或恢复，且修复或恢复方案在开展应急处置阶段的环境损害评估规定期限内可以完成	土壤污染修复/恢复费用		
	水体污染修复/恢复费用		
	海洋污染修复/恢复费用		
	渔业资源恢复费用		
	野生动植物恢复费用		
	其他环境污染修复/恢复费用		
	修复/恢复费用总计（元）		

生态环境损害 总计（元）			
中长期损害评估			
是否启动人身损害中长期评估	已发生的污染物暴露对人体健康可能存在长期的、潜伏性的影响	□是	□否
	突发环境事件与人身损害间的因果关系在短期内难以判定	□是	□否
	应急处置行动结束后，环境介质中的污染物浓度水平对公众健康的潜在威胁无法在短期内完全消除，需要对周围的敏感人群采取搬迁等防护措施	□是	□否
	人身损害的受影响人群较多，在突发环境事件应急处置阶段的环境损害评估规定期限内难以完成评估的	□是	□否
是否启动财产损害中长期评估	已发生的污染物暴露对财产有可能存在长期的和潜伏性的影响	□是	□否
	突发环境事件与财产损害间的因果关系在短期内难以判定	□是	□否
	应急处置行动结束后，环境介质中的污染物浓度水平对财产的潜在威胁没有完全消除，需要采取进一步的防护措施	□是	□否
	财产损害的受影响范围较大，在突发环境事件应急处置阶段的环境损害评估规定的期限内难以完成评估	□是	□否
是否启动生态环境损害中长期评估	应急处置行动结束后，环境介质中的污染物的浓度水平超过了基线水平并在一年内难以恢复至基线水平	□是	□否
	应急处置行动结束后，环境介质中的污染物的浓度水平或应急处置行动产生二次污染对公众健康或生态环境构成的潜在威胁没有完全消除	□是	□否
是否启动中长期损害评估		□是	□否

附 B

应急处置费用评估表

附表 B-1　应急处置费用申报表（材料和药剂费用）

主要行动	具体事项名称	材料名称	所用数量	单价	其他费用	小计
污染控制						
污染清理						
应急监测						
人员转移安置						
其他行动						
总计						

报表日期：　　　　年　　月　　日

填表人：　　　　　　　　填表人联系电话：

审核人：　　　　　　　　审核人联系电话：　　　　　　　填表单位（公章）

注：1. 表中的各项费用必须提供详细证明材料。

　　2. 其他行动的具体事项可由评估机构或负责填报的机构根据实际情况补充。

附表 B-2　应急处置费用评估表（设备或房屋租赁费）

主要行动	名称	购买或租赁目的	购买费		租赁费		其他费用	小计
			购买个数	购买单价	租赁个数	租赁单价		
污染控制								
污染清理								

主要行动	名称	购买或租赁目的	购买费		租赁费		其他费用	小计
			购买个数	购买单价	租赁个数	租赁单价		
应急监测								
人员转移安置								
其他行动								
总计								

报表日期：　　　　　年　　月　　日

填表人：　　　　　　　　填表人联系电话：

审核人：　　　　　　　　审核人联系电话：　　　　　　　填表单位（公章）

注：1. 若由于本次应急处置行动发生设备购买行为，填写购买费用栏；若发生设备租赁费用，填写设备租赁栏；原有设备不填写。

2. 表中的各项费用必须提供详细证明材料。

3. 其他行动的具体事项可由评估机构或负责填报的机构根据实际情况补充。

附表 B-3　应急处置费用评估表（行政支出费）

应急处置行动	具体行动名称	人员费				政府用车的加油费[1]	水电费（元）	餐费（元）	通讯费（元）	其他费用（元）	小计
		行政人员参与数量/人	雇佣非行政人员数量/人	工作天数/天	单位人力成本（元/人/天）						
污染控制											
污染清理											
应急监测											
人员转移安置											

应急处置行动	具体行动名称	人员费				政府用车的加油费[1]	水电费（元）	餐费（元）	通讯费（元）	其他费用（元）	小计
		行政人员参与数量/人	雇佣非行政人员数量/人	工作天数/天	单位人力成本（元/人/天）						
其他行动											
合计											

报表日期：　　　　年　　月　　日

填表人：　　　　　　　　　　　　　填表人联系电话：

审核人：　　　　　　　　　　　　　审核人联系电话：

填表单位名称：　　　　　　　　　　　　　　加盖公章处：

注：1. 若发生车辆购买和租赁行为，分别填在材料和设备费的设备购买费栏与租赁费栏。

2. 表中的各项费用必须提供详细证明材料。

3. 其他行动的具体事项可由评估机构或负责填报的机构根据实际情况补充。

附表 B-4　应急处置费用评估表（专家技术咨询费）

支出项目	咨询目的	专家职称	专家姓名	咨询费用标准（元/人/天）	住宿天数（天）	房费标准（元/天）	餐费（元）	交通费（元）	其他（元）	小计
污染控制										
污染清理										
应急监测										
人员转移安置										

支出项目	咨询目的	专家职称	专家姓名	咨询费用标准（元/人/天）	住宿天（天）	房费标准（元/天）	餐费（元）	交通费（元）	其他（元）	小计
总计										

报表日期：　　　　年　　月　　日

填表人：　　　　　　　　　　填表人联系电话：

审核人：　　　　　　　　　　审核人联系电话：

填表单位名称：　　　　　　　　　　　　　加盖公章处：

注：1. 表中的各项费用必须提供详细证明材料。

　　2. 其他行动的具体事项可由评估机构或负责填报的机构根据实际情况补充。

附表 B-5　应急处置费用评估表（应急设备的维修或重置费）

支出项目	被损坏的设备名称	购买日期	型号	主要用途	是否可修复	维修费用（元）	重置费用（元）	总使用年限
污染控制								
污染清理								
应急监测								
人员转移安置								
其他行动								
总计								

报表日期：　　　　年　　月　　日

填表人：　　　　　　　　　　填表人联系电话：

审核人：　　　　　　　　　　审核人联系电话：

填表单位名称：　　　　　　　　　　　　　加盖公章处：

注：1. 表中的各项费用必须提供详细证明材料。

　　2. 其他行动的具体事项可由评估机构或负责填报的机构根据实际情况补充。

附 C

人身损害费用评估表

附表 C   人身损害评估表

所在区域	疾病类型[1]	受损害程度[2]	受损害人数	发生损害的时间	药品费用（元）	检查治疗费用（元）	住院费用（元）	其他费用（元）

注 1：疾病类型有急性中毒、慢性中毒、癌症或其他食用或接触污染物导致的疾病。

2：受损害程度有三种：可治愈的疾病、伤残或死亡。

详细描述损害发生的时间，采取了哪些预防与应急措施，造成的损害程度。并阐述损害的发生是由该次突发环境事件导致的理由。表中的各项费用必须提供详细证明材料。

报表日期：   年   月   日

填表人：   填表人联系电话：

审核人：   审核人联系电话：

填表单位名称：   加盖公章处：

附 D

财产损害费用评估表

附表 D-1　水产养殖业财产损害评估表

所在区域	养殖品种	养殖方式[1]	受影响的养殖面积（亩）	事件发生前的渔产品密度（尾/亩或千克/亩）	单位售价（元/尾或元/千克）	损失率（%）

注 1：养殖方式：网箱养殖或围栏养殖。

　　详细描述损害发生的时间，采取了哪些避免损害发生或扩大的措施，造成的损害程度（死亡，身体变形，生物体内污染物质含量超标）。并阐述损害的发生是由该次突发环境事件导致的理由。表中的各项费用必须提供详细证明材料。

报表日期：　　　　年　　月　　日

填表人：　　　　　　　　　　　填表人联系电话：

审核人：　　　　　　　　　　　审核人联系电话：

填表单位名称：　　　　　　　　　　　　　　加盖公章处：

附表 D-2   种植业财产损害评估表

所在区域	种植作物类型	损害发生类型（减产或是质量下降[1]）	质量下降		减产损失		受影响的面积（亩）
			事件发生前的种植作物售价（元/千克）	事件发生后种植作物的售价（元/千克）	事件发生前的产量（千克/亩）	事件发生后的产量（千克/亩）	

注1：作物减产指作物品质没有变化，但单位产量下降；质量下降指作物的品质受到影响，产品价格下降。存在减产与品质下降同时发生的情况。

　　详细描述损害发生的时间，采取了哪些避免损害发生或扩大措施，造成的损害程度（死亡，农作物体内污染物质含量超标等）。并阐述损害的发生是由该次突发环境事件导致的理由。表中的各项费用必须提供详细证明材料。

报表日期：　　　　年　　月　　日

填表人：　　　　　　　　　　填表人联系电话：

审核人：　　　　　　　　　　审核人联系电话：

填表单位名称：　　　　　　　　　　　　　　加盖公章处：

附表 D-3　畜禽养殖业财产损害评估表

所在区域	养殖种类	损害发生类型（死亡或致病）	畜禽致病		畜禽死亡		其他费用(元)
			数量（只或头）	治疗单价（元/头或只）	死亡数（只或头）	单价（元/头或元、只）	

详细描述损害发生的时间，采取了哪些避免损害发生或扩大措施，造成的损害程度（死亡、畜禽体内污染物质含量超标等情况）。并阐述损害的发生是由该次突发环境事件导致的理由。表中的各项费用必须提供详细证明材料。

报表日期：　　　　年　　月　　日

填表人：　　　　　　　填表人联系电话：

审核人：　　　　　　　审核人联系电话：

填表单位名称：　　　　　　　　　　　　加盖公章处：

附 E

数据质量审核

E.1 通用原则

a）完整性检验

检验填报是否完整，是否存在缺项漏项，提供的证明材料是否完整。

b）逻辑性检验

检验各指标项逻辑合理性或不同部门或地区之间填报的数据差别悬殊等逻辑性问题，如分项数据加和与合计项不等，上下游两个地区申报的同类产品价格相差悬殊等。

c）真实性检验

真实性检验指对填报数据的真实性进行检验，利用证明文件、现场调查、抽样调查等方法对申报数据的真实性进行审核。

E.2 特殊原则

a）应急处置费用不能重复申报。

如出现监测采样费用、咨询费、劳务费、餐饮费或加班费等在部门中或者部门之间重复申报的，应予以剔除。

b）遵守国家的相关法律、法规以及规范性文件。

按照《关于规范公务员津贴补贴问题的通知》（中纪发[2006]17 号），应急处置期间政府公务员和参照公务员管理单位人员没有加班补贴，若有填报，应予以剔除。对于采样、监测、化验、餐饮、住宿等费用，若国家或所在的省、市、县有相关标准的，应按照有关标准进行申报；若没有相关标准文件的，应按照应急处置工作开展地的市场价格来申报，不能人为夸大或降低费用标准。

c）修复费用法优先原则

若发生因突发环境事件导致的设备损坏现象，应优先采用修复费用法计算；若设备完全损坏且无法进行修缮，则采用重置成本法计算。

附 F

虚拟治理成本法

虚拟治理成本是指工业企业或污水处理厂治理等量的排放到环境中的污染物应该花费的成本，即污染物排放量与单位污染物虚拟治理成本的乘积。单位污染物虚拟治理成本是指突发环境事件发生地的工业企业或污水处理厂单位污染物治理平均成本（含固定资产折旧）。在量化生态环境损害时，可以根据受污染影响区域的环境功能敏感程度分别乘以 1.5～10 的倍数作为环境损害数额的上下限值，确定原则见附表 F-1。利用虚拟治理成本法计算得到的环境损害可以作为生态环境损害赔偿的依据。

附表 F-1　利用虚拟治理成本法确定生态环境损害数额的原则

环境功能区类型 [1]	生态环境损害数额
地表水	
Ⅰ 类	＞虚拟治理成本的 8 倍
Ⅱ 类	虚拟治理成本的 6～8 倍
Ⅲ类	虚拟治理成本的 4.5～6 倍
Ⅳ类	虚拟治理成本的 3～4.5 倍
Ⅴ 类	虚拟治理成本的 1.5～3 倍
地下水污染	
Ⅰ 类	＞虚拟治理成本的 10 倍
Ⅱ 类	虚拟治理成本的 8～10 倍
Ⅲ类	虚拟治理成本的 6～8 倍
Ⅳ类	虚拟治理成本的 4～6 倍
Ⅴ 类	虚拟治理成本的 2～4 倍
环境空气污染	
Ⅰ 类	＞虚拟治理成本的 5 倍
Ⅱ 类	虚拟治理成本的 3～5 倍
Ⅲ类	虚拟治理成本的 1.5～3 倍
土壤污染	
Ⅰ 类	＞虚拟治理成本的 8 倍
Ⅱ 类	虚拟治理成本的 4～8 倍
Ⅲ类	虚拟治理成本的 2～4 倍

注：本表中所指的环境功能区类型以现状功能区为准。

附 G

是否启动中长期生态环境损害评估的判定原则

G.1　环境介质受到长期损害的判定原则

（1）地表水资源

判断地表水资源是否需启动中长期损害评估，主要是判断影响区域内的地表水资源是否由于污染物的排放或倾倒在物理或化学质量上产生了以下 1 个或多个现象，且该现象在 1 年内无法消除。

现象 1：影响区域地表水中的污染物质浓度超过国家和地方建立的水质标准，包括：《地表水环境质量标准》（GB 3838—2002）、《生活饮用水卫生规范》（GB 5749—2006）、《城市供水水质标准》（CJ/T 206—2005）、《景观娱乐用水水质标准》（GB 12941—91）、《农业灌溉水质标准》（GB 5084—92）、《渔业水质标准》（GB 11607—89）等环境质量标准、饮用水标准和供水系统标准。

现象 2：影响区域地表水中的污染物质浓度明显超过对照区域地表水中的污染物质浓度，并且影响区域分析结果与对照区域进行对比，两者存在明显的统计学差异。

（2）沉积物（底质）资源

判断沉积物（底质）资源是否需启动中长期损害评估，主要是判断影响区域内的沉积物（底质）资源是否由于污染物质的排放或倾倒在物理或化学质量上产生了以下 1 个或多个现象，且该现象在 1 年内无法消除。

现象 1：影响区域沉积物（底质）中的污染物质浓度超过国家和地方建立的沉积物质量标准，鉴于我国没有专门的水环境沉积物（底质）质量标准，可参考《土壤环境质量标准》（GB 15618—1995）和《海洋沉积物质量》（GB 18668—2002）。当不能满足分析要求时，可参考国际的沉积物标准，如沉积物环境质量基准（Sediment Quality Guidelines，SQGs）。

现象 2：影响区域沉积物（底质）中的污染物质浓度明显超过对照区域沉积

物（底质）中的污染物质浓度，并且影响区域分析结果与对照区域进行对比，两者存在明显的统计学差异。

（3）地下水资源

判断地下水资源是否需启动中长期损害评估，主要是判断影响区域内的地下水资源是否由于污染物的排放或倾倒在物理或化学质量上产生了以下 1 个或多个现象，且该现象在 1 年内无法消除。

现象 1：影响区域地下水中的污染物质浓度超过国家和地方建立的水质标准，包括：《地下水质量标准》（GB/T 14848—93）、《生活饮用水卫生规范》（GB 5749—2006）、《城市供水水质标准》（CJ/T 206—2005）、《农业灌溉水质标准》（GB 5084—92）等环境质量标准、饮用水标准和供水系统标准。

现象 2：影响区域地下水中的污染物质浓度明显超过对照区域地下水中的污染物质浓度，并且影响区域分析结果与对照区域进行对比，两者存在明显的统计学差异。

（4）土壤资源

判断土壤资源是否需启动中长期损害评估，主要是判断影响区域内的土壤资源是否由于污染物的排放或倾倒在物理或化学质量上产生了以下 1 个或多个现象，且该现象在 1 年内无法消除。

现象 1：损害区域土壤中的污染物质浓度超过国家和地方建立的环境标准：《土壤环境质量标准》（GB 15618—1995）。

现象 2：损害区域土壤中的污染物质浓度明显超过对照区域土壤中的污染物质浓度，并且影响区域分析结果与对照区域进行对比，两者存在明显的统计学差异。

G.2　对公众健康具有潜在风险的条件

同时满足下列 3 个条件的，可认定为对公众健康构成了潜在威胁：

a）污染物属于易迁移转化、易浸出、生物毒性大的物质；

b）环境介质中的污染物与周边人群存在不可避免的暴露途径，如受污染的水是唯一的灌溉或饮用水源等；

c）污染物在受影响人群长期接触、食用的介质中的浓度超过了人体健康风险基准。

G.3　对生态环境具有潜在风险的条件

同时满足下列三个条件的，可认定为对生态环境构成潜在威胁：

a）污染物属于易迁移转化、易浸出、生物毒性大的物质；

b）环境介质中的污染物与生物种群存在不可避免的暴露途径；

c）污染物在环境介质中的浓度超过了生态风险基准。

附 H

评估报告提纲

H.1　基本情况

写明评估的背景，包括损害发生的时间、地点、起因和经过；简要说明环境损害发生地的社会经济背景、周边敏感受体、造成潜在环境损害的污染源、污染物等基本情况。

H.2　评估方案

H.2.1　评估目标

依据委托方委托评估事项，详细写明开展环境损害评估的目标。

H.2.2　评估依据

写明开展本次环境损害评估所依据的法律法规、标准和技术规范等。

H.2.3　评估原则

写明开展本次环境损害评估所遵循的基本原则。

H.2.4　评估范围

写明开展本次评估工作初步确定的环境损害的时间范围和空间范围及确定初步时空范围的依据。

H.2.5　评估内容

写明本次评估工作的主要内容，包括环境损害评估对象（人身损害、财产损害和环境损害）和环境损害评估内容（环境损害确认和损害数额量化）。

H.2.6　评估方法

详细阐明开展本次环境损害评估工作的技术路线及每一项评估内容所使用的技术方法。

H.3　评估过程与分析

H.3.1　环境损害确认

H.3.3.1　基线确认

H.3.3.2　污染暴露分析

H.3.3.3　损害程度与损害范围确认

H.3.2　环境损害量化

H.3.3.1　应急处置费用

H.3.3.2　人身损害

H.3.3.3　财产损害

H.3.3.4　生态环境损害

H.4　评估结论

提出突发环境事件造成的直接经济损失计算数额，以及突发环境事件对影响区域生态功能的损害程度，判断是否启动中长期损害评估。

H.5　特别事项说明

阐明报告的真实性、合法性、科学性。明确报告的所有权、使用目的和使用范围。阐明报告编制过程及结果中可能存在的不确定性。对报告结果的使用提出必要的建议。

H.6　签字盖章

H.7　附件

附件包括环境损害评估工作过程中依据的各种证据、评估实施方案等。

《突发环境事件应急处置阶段环境损害评估推荐方法》技术内容解读

2011 年 3 月，环境保护部颁布《突发环境事件信息报告办法》将"直接经济损失"以及"区域生态功能丧失程度"作为确定突发环境事件级别的重要依据。而目前对于"直接经济损失"以及"区域生态功能丧失程度"的评估缺乏统一的量化依据，给突发环境事件定级和责任追究工作带来困难。损失数额的核定缺乏依据也是造成长期以来环境案件"立案难、审理难、判决难"的核心所在。

近日，环境保护部正式印发了《突发环境事件应急处置阶段环境损害评估推荐方法》（以下简称《方法》），对突发环境事件应急处置阶段环境损害评估的工作程序、"直接经济损失"的量化方法以及"区域生态功能丧失程度"的评估标准等做出规范。从《方法》起草之初至今已在多起环境事件损害数额评估中加以应用，其评估结果为政府部门事件定级、法院民事赔偿判决以及公安机关刑事案件办理提供了依据，同时《方法》也在汲取实践经验的基础上不断完善。为了使《方法》更好地服务于行政、司法等工作，我们选择其中的关键技术要点进行归纳与解读。

一、明确了适用的评估对象

《方法》适用于在中华人民共和国领域内突发环境事件应急处置阶段的环境损害评估工作。污染物排放、倾倒或泄漏等不构成突发环境事件，且没有造成中长期环境损害的情形也参照此方法进行评估。由于应急处置阶段的环境损害评估工作对时效性要求较高，如《突发环境事件应急处置阶段污染损害评估工作程序规定》（环发[2013]85 号）指出"环境事件发生后污染损害评估应当于应急处置工作结束后 30 个工作日内完成。"

需要开展中长期环境损害评估的，在应急处置阶段的环境损害评估结束后，参照《环境损害鉴定评估推荐方法》（第Ⅱ版）进行后续评估。

二、针对一般突发环境事件提出了简化的评估程序

为适应应急处置阶段快速评估的需求，《方法》在评估程序上相对简化。《方法》根据环境事件级别提出了分类的环境损害评估程序。针对污染情况相对简单、损害因果关系明确的一般环境事件，《方法》设计了《突发环境事件损害评估简表》，由组织开展突发环境事件损害评估的单位或个人填报，以缩减损害评估的费用和时间。

对于涉及面广、损害程度深、因果关系复杂的重大事件，则可以委托评估机构依据规范的程序进行：制订评估工作方案，通过走访座谈、现场踏勘等方式获取环境损害信息，在此基础上判断污染物的泄漏量、污染路径以及损害范围和程度，最后计算可量化的应急处置费用、人身损害、财产损害以及生态环境损害等直接经济损失；对于生态环境遭受损害的，要划分生态功能丧失程度；最后，根据《方法》中提出的判定标准判断是否需要启动中长期损害评估。在此基础上，出具环境损害评估报告。

在损失计算上，考虑到应急处置阶段快速评估的需要，《方法》主要推荐采用现场勘察、调查问卷以及市场价值法等方法，实验研究、模型推算以及大规模统计分析等方法主要在《环境损害鉴定评估推荐方法》（第Ⅱ版）中推荐使用。

三、《方法》对直接经济损失进行了明确界定

突发环境事件应急处置阶段环境损害评估需要计算突发环境事件造成的直接经济损失数额，本推荐方法对直接经济损失的范畴进行了界定：直接经济损失是与突发环境事件有直接因果关系的损害，为人身损害、财产损害、应急处置费用、生态环境损害以及应急处置阶段可以确定的其他直接经济损失的总和。

这里直接经济损失包括三层含义，一是强调事件与损害后果的因果性，即损害必须是由于环境污染、生态破坏或者应急处置行动造成，而不是由于地震、火

灾、爆炸或生产安全事故等其他原因造成。二是强调突发环境事件与损害后果的直接性，即必须是直接暴露在污染环境中的受体或生态破坏以及应急处置行动直接作用的对象发生的损害，由于这种直接损害而引发的其他类型损害不属于直接经济损失的范畴。三是必须存在明显的损害事实，即损害受体存在质量下降、功能受损等情况。

另外，为保护人体健康、财产以及生态环境所发生的必要的合理的防护费用也属于直接经济损失。以财产损害为例，直接经济损失必须是因污染、生态破坏或应急处置行动直接造成了财产损毁或价值减少，或为保护财产免受损失而支出了必要的、合理的费用，如渔民的渔具由于受到污染而损坏不能使用，渔具的修复或重置费用属于直接经济损失，为了避免损害继续扩大而清除渔具上的污染物属于直接经济损失，但由于渔具的损坏导致不能捕鱼造成的收入损失属于间接损失，不属于直接经济损失。

四、重点规范了应急处置费用的计算内容和方法

从目前开展的环境损害评估工作来看，应急处置行动所发生的费用是突发环境事件应急处置阶段环境损害评估工作的重点。针对这一特点，《方法》对应急处置费用的计算内容和计算方法进行了详细的规范。应急处置行动主要包括污染控制、污染清理、应急监测、人员转移安置等行动。

其中"污染控制"主要指为防止污染物继续扩散而采取的控制措施，如源头阻止污染物泄漏、投加药剂、筑坝截污等措施。"污染清理"是指对环境中的污染物进行清除、处理和处置。"应急监测"是指在突发环境事件应急处置期间，为发现和查明环境污染情况和污染损害范围而进行的采样、监测与检测分析活动。"人员转移安置"指在应急处置阶段，对受影响和威胁的人员进行疏散、转移和安置等行动。这些行动所发生的费用主要由以下几个方面组成：材料和药剂费、设备或房屋租赁费、行政支出费用、应急设备维修或重置费用以及专家技术咨询费等。

同时，《方法》的附件 E 还提出了各项费用的审核标准，主要是检验填报的数据是否符合完整性、逻辑性以及真实性原则。完整性检验是指检验填报数据是否存在缺项漏项，提供的证明材料是否完整，例如，虽然在调查表中填报了损失

项和损失数额，但没有提供相应的购买合同或购买发票等凭据，则不能计入直接经济损失。逻辑性检验是指检验各指标项逻辑合理性，如申报的损失是否与本次污染事件直接相关等，如突发环境事件造成的自来水厂停产损失、电站发电损失、水库供水损失或引水损失等属于因突发环境事件造成的间接损失，不计入直接经济损失。真实性指检验是否存在虚报、瞒报等情况，例如，在某突发环境事件损害评估时，事发地下游地方填报的水厂水质检测费用为 3 970 元/份，而根据当地的行政事业性项目收费标准，每份水质检测费用应该为 1 735 元/份，计算应以相关标准为准。

五、《方法》对不同程度的生态环境损害如何计算做出说明

突发环境事件发生后，针对生态环境损害可能出现四种情况：

第一种情况，没有造成生态环境损害，无须进行后续生态环境损害评估。

第二种情况，在应急处置阶段可以判断计算生态环境修复费用，例如，有些危险化学品倾倒农田的事件，在开展应急处置阶段的环境损害评估规定期限内即可明确污染物性质与处置方式，则根据生态环境的治理或修复方案实施费用计算生态环境损害，并计入直接经济损失。在这种情况下要求提供翔实的修复或恢复方案、方案预算明细以及可行性论证材料作为依据，否则不能计入直接经济损失。

第三种情况，由于生态环境损害观测或应急监测不及时等原因导致损害事实不明确，例如，在有些突发环境事件发生以后，污染物在环境介质中有短暂超标现象，是否造成生物体死亡、是否对生态功能造成长期影响不明确。然而责任方向环境中排放大量有毒有害污染物的事实确凿，扩散的污染物也无法回收，基于污染者付费原则，责任方应为此付出一定的代价，可以采用虚拟治理成本法等环境价值评估方法计算损失，其数额计算结果可作为生态环境损害民事赔偿的依据，但由于没有实际支出费用，数额计算结果不应计入直接经济损失。

第四种情况，造成生态环境损害难以在应急处置阶段内评估和计算。在这种情况下，可以在应急处置阶段的损害评估报告中对该情况加以说明，将生态环境损害放入中长期阶段来评估。

六、《方法》为快速定性判断生态环境损害提供了依据

环境保护部于 2011 年颁布的《突发环境事件信息报告办法》规定：因环境污染造成区域生态功能丧失的属于特别重大（Ⅰ级）突发环境事件；因环境污染造成区域生态功能部分丧失属于重大（Ⅱ级）突发环境事件。《方法》进一步给出了如何判断区域生态功能全部丧失和部分丧失的划分标准。具体的评估标准包括污染物在环境介质中的浓度、优势物种死亡率、生态群落结构改变程度以及休闲娱乐功能损害程度四种指标。

七、明确了应急处置阶段人身损害的计算范围

从人身损害的特征来看，污染导致的人身损害有短期显性的，也有长期潜伏性的，有个体性伤亡，也有群体性损害。由于突发环境事件应急处置阶段损害评估对时效性的要求，潜伏性的损害难以在短期内显现，因此难以在应急处置阶段的损害评估中计算。群体性人身损害需要开展人群调查和统计分析，计算方法较为复杂也难以在该阶段完成评估。因此，《方法》主要对短期内可以显现的且易于评估的个体性人身损害评估范围和方法做出规范。另外，突发环境事件还可能致受害人的精神遭受损害，但由于精神损害是一种人身非财产损害，具有间接损害的性质，不属于直接经济损失的范畴，因此，《方法》中人身损害的评估范围不包括精神损害。对于长期潜伏性的、群体性的人身损害的因果关系判断、损害的确认和计算，以及精神损害的计算在《环境损害鉴定评估推荐方法》（第Ⅱ版）中做出规范和说明。

八、在什么情况下需要开展中长期评估

发生下列情形之一的，需开展中长期评估：一是应急处置行动结束后，环境介质中的污染物的浓度水平超过了基线水平并在 1 年内难以恢复至基线水平；二是应急处置行动结束后，环境介质中的污染物的浓度水平或应急处置行动产生的

二次污染对公众健康、财产或生态环境构成的潜在威胁没有完全消除。如在某河段发生重金属污染河道的突发环境事件后，当地政府通过投加絮凝剂的方式对河水中的重金属进行消沉，然而大量重金属集中消沉在同一河段是否会造成持续的环境损害或引发健康风险，就需要进一步进行中长期损害评估和监测。

九、《方法》与刑法释义第 338 条的衔接

最高人民法院、最高人民检察院《关于办理环境污染刑事案件适用法律若干问题的解释》（法释[2013]15 号）（以下简称《解释》）文件中将"公私财产损失"作为办理环境污染刑事案件的重要依据。需要明确的是，《方法》可以为"公私财产损失"定量化提供计算方法和依据，但刑法第三百三十八条中的"公私财产损失"涵盖的范围并不完全等同于《方法》中所指的"直接经济损失"。

《解释》指出"公私财产损失"包括污染环境行为直接造成财产损毁、减少的实际价值，以及为防止污染扩大、消除污染而采取必要合理措施所产生的费用。从这一定义来看，《解释》中所指的"公私财产损失"基本对应于"直接经济损失"的财产损失和应急处置费用，但不包括"直接经济损失"包含的人身损害与环境修复费用。然而在实践中，法院、公安机关等部门在委托评估机构调查评估的函件中，往往要求将人身损害以及环境修复费用的计算包含在公私财产损失中。可见公私财产损失的范畴界定仍然存在争议。从国外经验来看，美国交通部定义的公私财产损失包括应急处置费用、财产损害、环境损害，但不包括人身损害，其中环境损害包括环境调查费用、修复费用、实验成本、工程师或科学家等第三方费用，以及其他合理的成本。关于公私财产损失合理范畴的界定仍需在司法实践中不断摸索，但有一点是可以确定的，无论是《解释》对公私财产损失的定义还是美国的经验，采用虚拟治理成本法等环境价值评估方法计算的损失数额不能计入公私财产损失。

《突发环境事件应急处置阶段环境损害
评估推荐方法》解读

《突发环境事件应急处置阶段环境损害评估推荐方法》（环办[2014]118 号，以下简称《方法》）已于 2014 年 12 月由环境保护部印发公布。《方法》是指导开展突发环境事件环境损害评估工作（以下简称损害评估）的技术性文件，对损害评估工作的程序、内容、方法和报告编写等内容进行了规定。

一、为什么要制定《方法》

2013 年 8 月，环境保护部印发了《突发环境事件应急处置阶段污染损害评估工作程序规定》（环发[2013]85 号）（以下简称《规定》），对突发环境事件应急处置阶段污染损害评估工作启动条件、组织方式、评估范围、适用方法、评估结论审核应用等内容进行了规范。但由于《规定》是一份用于规范工作程序的管理性文件，缺乏对实际操作技术细节的指导，各地在开展损害评估工作时仍存在一些问题。主要表现在：

（一）损害评估前期准备不及时

在突发环境事件损害评估的实践中，应急处置阶段的环境监测数据、人员物资调度记录、周边环境状况的实时影像资料等，对确定及量化突发环境事件损害至关重要。但是，由于损害评估工作通常要在突发环境事件应急处置结束后才开始启动，实际工作中有些突发环境事件在应急处置阶段未注重相关资料的保存，导致应急监测数据缺失、人员物资调动记录混乱，给损害评估工作带来极大困难。

（二）环境损害界定范围差异较大

通过对突发环境事件损害评估报告的分析发现，有的事件对环境损害的界定过于狭窄，没有将为保护生命、财产以及环境安全所产生的应急防护费用等合理费用界定为突发环境事件的环境损害；有的地方则对环境损害的界定过于宽泛，将自然灾害、交通事故或生产安全事故等非环境污染造成的损害界定为突发环境事件的环境损害。损害界定范围的较大差异易造成事件肇事方和受损方之间、上游地区和下游地区之间对事件损害评估结果产生纠纷，不利于损害赔偿工作的进行。

（三）直接经济损失计算方法不统一

在计算直接经济损失时，有的通过现场勘察、向企业和应急处置单位发放调查问卷等方法统计并计算事件的直接经济损失；有的通过市场价值换算、实验研究模拟等方法估算事件的直接经济损失；有的依靠模型推演、大规模统计分析等数学方法评估事件的直接经济损失。不同的计算方法，得到的直接经济损失差异较大，可能会造成不同评估人员对同一事件的评估结果大相径庭，这将给事件的级别确定和责任追究工作造成不利影响。

（四）评估报告内容千差万别

在实际工作中发现，突发环境事件损害评估报告的内容千差万别，有的仅包括事件的环境影响，未明确事件直接经济损失；有的只列出各类损害数额，未写明各项损害数额的计算方法；有的仅包括事件基本情况和评估结论，未明确评估的时间、空间范围和评估的依据等。千差万别的评估报告不仅给报告审核工作带来困难，也难以作为有力证据应用于事件调查和司法鉴定工作中。

基于上述原因，有必要通过编制《方法》，从技术层面对损害评估工作进行具体指导，有效支撑《规定》的实施，完善突发环境事件应急处置阶段损害评估工作体系。

二、《方法》的主要内容有哪些

《方法》主要包括以下几方面内容：一是提出适用范围，明确在何种情况下可以应用《方法》开展损害评估工作；二是制定损害评估工作的开展流程，规范评估工作程序；三是提出现场调查与监测的内容、要求与遵循的技术方法，满足应急处置阶段损害评估工作的具体需求；四是介绍应急处置阶段各类损失的计算方法，并提出判断各类损失合理性、真实性的审核标准；五是介绍生态环境损害评估方法，为后续的环境修复和生态恢复工作奠定基础。

三、《方法》拟解决的问题

（一）解决实际工作中存在的技术问题

一是明确损害评估工作前期准备的内容，指导事件应急处置阶段损害评估资料的收集和整理工作；二是提出各类损害界定的原则，列举一般情况下界定各类损害应满足的条件，并对特殊情况下如何进行损害界定做出特别说明；三是推荐了人身、财产、应急处置等损害量化的计算方法，为计算事件直接经济损失提供了有利条件；四是提供损害评估报告的提纲，以规范评估报告的内容和样式。

（二）满足应急处置阶段快速高效的损害评估需求

《规定》要求突发环境事件应急处置阶段的损害评估应当于应急处置工作结束后 30 个工作日内完成，新出台的《突发环境事件调查处理办法》（环境保护部第 32 号令）也规定了突发环境事件的调查处理期限。因此，《方法》未推荐采用实验研究、模型推算以及大规模统计分析等耗时较长、计算复杂的方法计算环境损害，而主要推荐以现场勘察、问卷调查、市场价值换算等方法开展损害评估，充分简化评估的程序和计算方法，以满足应急处置阶段快速高效进行损害评估的需求。

（三）节约行政资源和评估成本

据统计，我国一般级别的突发环境事件占突发环境事件总数的90%以上，并且普遍对环境的影响较小，按照一般方法进行损害评估工作需要投入较多人力物力，并支付高昂的损害评估费用，这将消耗大量的行政资源。为此，《方法》提供《突发环境事件损害评估简表》，用于按照《突发环境事件信息报告办法》中分级标准可初步判断为一般级别的突发环境事件开展损害评估时使用，以有效减少一般级别突发环境事件损害评估工作的工作量，从而大幅度节约行政资源和损害评估的成本。

四、应急处置阶段评估和中长期阶段评估的关系

由于《规定》和《突发环境事件调查处理办法》均对突发环境事件应急处置阶段损害评估的时限做出了要求，但事件发生后，环境污染对于人体健康的潜伏性影响、残留污染物对生态环境的长期影响等损害需要较长时间才能充分暴露。为在满足时限要求的同时全面对事件进行损害评估，应当将事件的损害评估划分为应急处置阶段评估和中长期阶段的评估两部分，其中，应急处置阶段的损害评估主要确定突发环境事件的直接经济损失，以及时为事件调查和级别确定提供依据；中长期阶段的损害评估应当重点评估突发环境事件造成的生态环境损害，以全面评估事件造成的环境损害，为环境修复和生态恢复提供基础信息。

五、与《环境损害鉴定评估推荐方法》（第Ⅱ版）的关联

为保护和改善环境，保障公众健康，推动环境损害赔偿制度建设，适应环境损害鉴定评估工作的需要，环境保护部于2014年10月发布了《环境损害鉴定评估推荐方法》（第Ⅱ版）（环办[2014]90号，以下简称《推荐方法》（第Ⅱ版））。

《推荐方法》（第Ⅱ版）适用于因污染环境或破坏生态行为（包括突发环境事件）导致人身、财产、生态环境损害、应急处置费用和其他事务性费用的鉴定评估。在应用于突发环境事件时，由于《推荐方法》（第Ⅱ版）推荐采用的评估方法

普遍耗时较长，且主要评估事件造成的环境损害，因此，更加适用于突发环境事件中长期评估；而《方法》对突发环境事件应急处置阶段损害评估的技术内容进行了指导，且在评估程序、评估范围以及计算方法上相对简化，适用于突发环境事件应急处置阶段评估。

为明确二者的关联性，在《推荐方法（第Ⅱ版）》中特别明确"突发环境事件应急处置阶段环境损害评估适用《突发环境事件应急处置阶段环境损害评估技术规范》（即本《方法》）"，《方法》中则明确"突发环境事件发生后，如果需要对生态环境进行修复或恢复，具体的计算方法参见《环境损害鉴定评估推荐方法（第Ⅱ版）》"。